即刻上手

國際企業管理

朱延智 博士 著

五南圖書出版股份有限公司 出版

序 言

　　國際企業的經營與管理，遠比一般的企業管理，更為複雜與困難！因為要考慮的面向太多，無論是氣候、人才、土地、稅務，法規、資源稟賦、基礎設施（運輸）、市場開拓、地方政府的審批與關係…。只要稍有疏漏，都可能造成國際企業的傷害。

　　國際企業經營環境最特別的是，「它」會變！但「變」之後，國際企業該怎麼辦？我覺得GE的案例，可以供我們參考！GE是100多年前，紐約證券交易所創立時，所掛牌的上市公司，也是當時掛牌，而目前惟一碩果僅存的上市公司。但是，看一看現在的GE，與發明家愛迪生創立時的GE，業務範圍毫無共同之處。換言之，GE在每次環境變化的關鍵時刻，都能找出適應之道。換言之，國際企業的營運策略，至為關鍵！過去四十年來，有超過75家的以色列公司，變成全球企業，其最主要的策略是，掌握中間「灰色」地帶。所採用的具體方法是，聚焦在多國籍企業認為不具吸引力的機會，而當地企業又沒有足夠能力掌握這些國家或區域，然後針對這些可乘之機，運用各種方法滲透進去，甚至把自己偽裝成當地企業，或看起來「像」當地的企業，最後成功壯大為全球企業。

　　因此，國際企業有必要去了解「變」的關鍵，進而掌握「變」的大局，並發展出有效的因應策略。千萬不能因自己的資金、品牌而驕傲，往日無論是藍色巨人的IBM、軟片的富士或柯達，或現在的宏碁，都曾未能掌握「變」局，而遭受極大的打擊！我覺得有個故事，可以稍微說明「變」的關鍵。某次，有隊

商人到非洲去開闢商場，因此請了當地土人作嚮導。一天，他們看見作嚮導的土人，坐著看書，便問：「你讀的是什麼？」他回答說：「我讀聖經！」那些人嗤之以鼻的說：「這是落伍的東西，我們早就不讀它了！」土人用極驚異的眼光看著他們，並慢慢地對他們說：「如果不是這個落伍的東西，你們早已到我肚子裡去了！」原來他們曾是吃人的野蠻民族，卻因著聖經中，主耶穌捨己救贖的愛，而改變了他們的生活。

這些土人因信上帝而不吃人，這是好的！但有多少國際經營環境，從不「吃人」，變成「吃人」！譬如，台塑河靜廠被燒，在越南大暴動時，被打、砸、搶、燒，甚至有人被打死，結果一片狼籍，這樣的環境跟「吃人」，有什麼不一樣？中國過去曾是台商的工廠，但是近年力推製造國產化，反而變成台商的對手。甚至鴻海集團總裁郭台銘說：「大陸沒有把台企，當一家人！」這是不是也在說明，這個環境也變得要「吃人」了？因此，國際企業唯有掌握「變」的能力，才能有效因應變局，開創恢弘新格局！

本書與其他國際企業管理的著作，最大不同之處，就在於產、銷、人、發、財，是運用國內外著名案例，來說明如何防「變」、制「變」，以及過程中，所不能少的策略、危機管理與國際企業倫理。這本書若沒有五南圖書公司，若沒有張毓芬副總編輯，以及家嵐小姐的協助，您想這本書，會呈現在您的眼前嗎？所以我要向她們，敬致我的感謝！當然我更要感謝上帝，讓這麼多的人來協助，並給我智慧來完成它。在此，也要感謝所有支持的讀者，深願您能從中得到智慧，並擁有上帝的同在與祝福！

朱延智

目錄

第七章　國際企業的研發創新管理

第八章　國際財務管理

第九章　國際企業品牌管理

第十章　國際企業倫理

第十一章　國際企業危機管理

學習目標

一、掌握國際企業與國內企業的差異

二、國際企業管理到底有什麼重要內涵？

三、企業國際化優點

四、企業國際化的動機，有哪些？

小蝦米變大鯨魚，但不希望是「缺德」鯨

原是台灣名不見經傳的頂新，1988 年到大陸開拓新天地。他們做過食用油，也推出過蛋卷，但這些產品幾乎讓他們血本無歸。但就在某一次出差時，魏應行發現搭同車的人，對他從台灣帶來的泡麵十分好奇、圍觀，甚至詢問何處可以買到。魏應行終於掌握到這個市場的真正需求，於是全力發展泡麵。產品突破、廣告突破，是康師傅成功的關鍵原因。

1992 年，當中國大陸還沒有很強的廣告意識時，康師傅的年廣告支出，就達到人民幣 3000 萬元。當時大陸的電視廣告費用相當便宜，以中央電視臺黃金時段插播廣告為例，只要人民幣 500 元，可見康師傅在廣告上面，用力之深！為了將一句「好味道是吃出來的」廣告詞，鋪滿大江南北，康師傅每年的廣告投入，從不低於 1 億元。為什麼大力投入廣告？因為康師傅認為：「廣告就像朋友，你不打招呼，人家就把你淡忘了。」所以康師傅泡麵一經推出，便掀起搶購狂潮。甚至康師傅的公司門口，一度出現批發商長長的隊伍，而且出現一麻袋、一麻袋訂貨的罕見場面。

沒有離開國門的企業，永遠是中小企業。康師傅如今已是中華民國知名的國際企業，但沒有想到在 2008 年，被大陸媒體指出，以自來水造假的礦泉水，以及 2014 年涉及在自己國家的假油風暴，以及帝寶炒樓事件，都讓這家原本讓台灣人引以為榮、為傲的企業，變成缺德、讓人遺憾的企業。

第一節　國際企業的特色

一、國際企業的定義

國際企業 (International Business，IB) 的國際，在英文是 International，字頭 Inter 的意思是「之間」。從字義的內涵來解析，國際企業是重在國家之間，雙方來往的商務。所以若從字面解釋國際企業的意涵，「只要是在國家之間，涉及二個以上的國家，進行商務的企業，都屬於國際企業的範疇。」

為滿足國外市場的需求，企業所進行跨國的經營管理，都可以稱為國際企業 (International Business)。所以無論這家企業是生產製造、研發設計、行銷業務，或售後服務、採購等，都算是國際企業。

至於管理的定義，有四位重要學者提出其看法：（一）弗列特 (Mary Follet)：「管理乃是透過眾人之力，來達成組織目標的一系列活動。」；（二）孔茲 (Koontz) 對於管理的定義是：「經由他人的努力，而達成的任務。」；（三）彼得・杜拉克 (Peter Drucker) 的定義：「管理是一種功能、專業、科學。」；（四）陳定國博士：「泛指主管人員經由他人的力量，以完成工作目標的系列活動。」

本書對於國際企業管理的界定是，企業運用組織，管理國際的資源（資金、原料、技術、市場、資訊、人才等），進行國際的商務，以達到經營的目標。

二、國際企業與國內企業的差異

國際商業活動與國內商業活動，因著運輸成本、貿易障礙等，而有很大的區別。這些區別可歸納為四點：（一）各國文化可能存在差異，而使交易的各方面，必須調整其觀念與行為；（二）各國政治與經濟體制可能不同，而其相關的法律差異，也需要國際企業管理者的注意；（三）各國使用的貨幣不同，因此在國際商業活動中，可能需要兌換貨幣；（四）各國生產力及可供利用的資源等，供給面因素也可能存在差異。

總和以上四點大的差異，會發現這些不同會帶來政治風險、經濟風險、經營風險。儘管國內企業也會遭遇風險，但在國際化的過程中、企業所遭遇的風險更大，更難預測！

三、國際企業與多國籍企業的差異

國際企業（International Business, IB）與多國籍企業（Multi-national Enterprise, MNE）的定義，基本上是有差異的。根據台灣大學吳青松教授指出：「多國籍企業乃由股權相互連結之位於許多國家之子公司，所形成的企業網路體系。其總公司管理階層，是以全世界為其競爭舞台而從事獲取、分配財務、原物料、技術和管理資源之商業活動，以達成整個體系目標之企業體。」文化大學林彩梅教授指出：「多國企業是企業，從原本只利用國內經營資源（資金、原料、技術、市場、資訊、管理等），擴大為利用國際經營資源，以獲得更高的經營效果，因此在他國直接投資設立分公司或子公司稱之。」由這兩位學者的研究，可知多國籍企業的特點是，企業在國外直接投資（FDI），並設立國外分公司、子公司，以直接控制國外企業的運作。至於國際企業則

沒有分公司、子公司的要求。

四、國際企業需要被管理

　　隨著全球化的快速推進，企業的經營格局已放大至全球，隨之而來的市場機會與經營挑戰，已然超越本土企業既有的管理範疇。當企業國際化規模的擴大，和地域分散性的增加，使得財務的控制難度愈大。若缺乏成熟有效率的管理手段，往往使企業陷入混亂的處境。同時礙於其他國家的法令、風俗民情，及各種不確定性之下，企業難以精確的制定決策，因此，交易成本、資訊成本，都可能因此而增加，對企業績效不一定有絕對的幫助，甚或呈負向關係。

　　以赴大陸的台商企業為例，大陸雖然相較於其他海外地區顯得商機無限，但是仍有需要克服經營瓶頸的地方。譬如：（一）取得銀行貸款困難；（二）額外交際費大增；（三）當地市場開拓不易；（四）外派人員適應困難；（五）當地法令限制；（六）利潤匯出不易；（七）電力系統、通訊設備不足；（八）當地企業履約的誠信不足；（九）與當地勞工的勞資糾紛不斷。

第二節　國際企業的管理內涵

一、國際企業的規劃

　　規劃是針對目標，所選擇的行動方案，以及評估最後執行成效的過程。譬如對進入市場的規劃，對國際企業而言，如何選擇有利的市場銷售，是其成功的關鍵因素之一。以成立於 1891 年

的飛利浦而言，在 1966 年選擇在高雄加工出口區成立分公司，可說是當時台灣最大的外資企業。這家國際企業對於規劃的步驟是：（一）設定目標；（二）評估環境；（三）發展可行方案；（四）選擇最適方案；（五）分配資源；（六）執行；（七）評估修正。

二、國際企業的組織

組織是一群人，為達共同目標的組合體。當企業至海外發展，產品、研發、資金及人力資源等，各項要素固然重要，但是如何設計合宜的海外組織，以有效的統合各項資源，達成海外事業發展的目標，更是不容忽視。國際企業的組織規劃若紊亂，就常會出現報告系統混淆、母公司干預過多、多重老闆牽制、派系意見整合費時、能力與年資孰重、組織異動頻繁……。

一般國際企業的組織結構，有國際事業部結構 (international division structure)、全球地理結構 (global geographic structure)、全球產品結構 (global product structure)、全球矩陣結構 (global matrix structure)，及跨國結構 (transnational structure)。任何企業的成長，必須伴隨組織結構的調整。譬如，韓國三星設了一個極為特別的組織，那就是「未來戰略室」。這個直屬總裁的組織，原為秘書室的組織，如今演變為企業集團極具戰鬥力的組織，旗下有 400 多位高階幕僚，為企業思考並規劃未來三五年的重要大走向，譬如，未來三年，要如何拿到美國政府的標案，或購併等重大議案。

三、國際企業的領導

領導是指在特定情境下，領導人運用諸般智慧與手段，影響

他人，共同努力來達成組織目標。身處科技日新月異的嶄新全球化時代，企業所需的人才，早已超越企業內部管理型的專業經理人，更需要能爲企業，在全球打天下的開創型管理人才。

主帥如果無能，不止累死三軍，甚至可能全軍覆滅，所以國際企業能否發展，關鍵在於領導人。要具備怎樣領袖的特質，才能成功領導國際企業？基本上，應該具備以下六項條件：（一）獨特的眼光，與準確的判斷力，能洞悉市場未來的趨勢；（二）能描繪具吸引力的藍圖，並激勵團隊向目標前進。基本上，他能將自己的遠見灌輸給員工，並賦予努力實踐目標的員工價值；（三）既能把目光放遠，又能了解員工的優勢、弱點，並爲他們建立和公司企業目標，相輔相成的工作計畫，以發揮員工專業所長；（四）盡力創造和諧，營造並鼓勵友善關係，並能避免因工作表現，而破壞共同合作的關係；（五）能培養創意的民主領導者，能和團隊共事，並期待員工與他一起打造國際企業的遠景；（六）要有處理企業危機的大將之風，這主要是因國際經營環境變化過於劇烈，需要臨危不亂的處事能力。

四、國際企業的用人

找適當的人從事任務，是用人的核心意義。所謂適當的人，是指德與才兩方面，缺一不可。國際企業一旦用錯人，下場淒慘無比！以英國霸菱銀行 (Barings Bank) 破產爲例，這是一家有 233 年悠久歷史的英國老銀行，卻因用錯了一位缺德的期貨交易員尼克‧李森 (Nick Lesson)，最後銀行破產，竟以 1 英鎊的象徵性價格，被荷蘭的荷興銀行 (ING) 所收購。

國際企業的用人，基本上存在兩種模式。一是以母國爲中

心，尤其是國際企業成長的初期，大都是任用信得過的人（能力與人品）。日本的國際企業，最能反映這種現實。根據非正式的統計，在美國的日本公司，69% 的經理人是日本人。二是沒有國籍考慮，唯才適用的全球中心論。一般來說，所要吸引的國際化人才，必須具備九大條件：（一）國際化視野；（二）跨文化認知與敏銳度；（三）開放的心態；（四）外語能力；（五）專業及技術能力；（六）溝通協調能力；（七）解決問題能力；（八）快速學習能力；（九）EQ 管理與挫折化解的能力。從全球中心論的觀點，可以拿美國的國際企業作代表。譬如，根據非正式的統計，在日本的美國公司，80% 的經理人都是日本人。

就台商而論，在任用人事方面，往往較著重於個人工作、處事能力，而大陸則較著眼於年資與資歷的長短，由資歷的高低，來決定聘用與否，以及薪資、職務等等。當前隨著企業組織的扁平化，高階主管成為企業的重要支柱。國際企業主管的能耐，就在於能否看出員工的才幹，以及迅速培養團隊默契，充份發揮團隊的能量，這些都是決戰商場，重要的關鍵因素。

五、國際企業的控制

控制是檢視工作，是否有按照工作計畫、工作目標、工作進度進行，以增加效率，同時又避免發生錯誤。控制的方式，可分為兩大類。一種是依據控制來的分類，可分外部控制、內部控制、非正式組織控制；另一種是依據時間來分類，可分事前控制、事中控制、事後控制。控制涉及控制環境、風險評估、控制作業、資訊與溝通及監督等五個要素。控制的步驟則是：（一）建立標準；（二）衡量績效；（三）比較績效與標準；（四）如發現偏差，

則採取矯正行動。

　　國際企業的控制，相對於國內企業較難。這是因為四大原因：（一）遠距離；（二）法令、稅法、文化、語言及利害關係人等差異大；（三）溝通協調相對困難；（四）資訊即時性較差。國外子公司所處地主國的環境狀況，會影響母公司對該子公司的控制行為。不過從常態控制的角度來說，國際企業正式的控制，是透過成文的規則，來對組織成員進行績效要求，藉此以控制員工及部門的產出與行為；非正式的控制，則是以形塑共同價值觀與信念，從無形中，達到國際企業的要求規範。

　　國際企業的控制取向，基本上有，集權管理的母國中心取向 (ethnocentric approach)、分權與各地自給自足的多國中心取向 (multicentric approach)、集權且全球化思考的全球中心取向 (geo-centric approach)，及專精和相互依賴的區域中心取向 (regioncentric approach) 等四大型態。當地主國與母國的文化距離愈大時，母公司對該子公司在整體決策、財務及人事上的授權程度愈高，同時，在整體控制上，也比較傾向非正式化。但是一般來說，歐美的國際企業，給予各地子公司的權限較大，但也極為注重績效的表現。至於日系對於國際企業的子公司，母公司的控制相對較嚴。

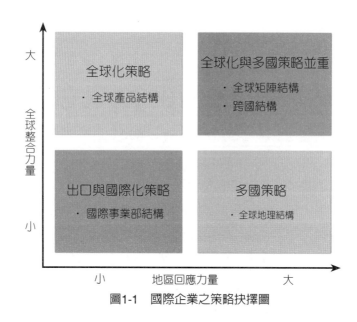

圖1-1　國際企業之策略抉擇圖

第三節　經濟全球化的競爭壓力

　　國際企業古已有之，無論是古代的貿易，中國的絲路，或重商主義時代，或帝國主義時代，都有其蹤跡。譬如曾經統治台灣的荷蘭東印度公司，就是一個標準型的國際企業，而且還是股份制的企業。現今因區域經濟整合、通訊科技進步、運輸成本降低、東西方冷戰對抗的結束……等，而成為國際企業龐大的商機。

　　國際企業已能整合全球各種資源，譬如將所生產的勞力密集產品，放在低工資、低稅負的國家；向全球利率最低的國家借款；將特殊尖端科技產品的研發，放在先進國家進行。既然別的國際企業能如此整合，形成強烈的競爭優勢，那麼不進行國際化，不結合各國資源，不進行整合的企業，它所面臨的風險與壓力，又

會是何等的大呢！以下針對經濟全球化背後動力，和其重要影響加以說明。

一、經濟全球化背後動力

湯馬士佛立曼 (Thomas Friedman) 在《世界是平的》(*The World Is Flat*) 的一書中，強調全球化這個潮流是擋不住的！特別是科技的進步，Internet 網路的普及，加速全球化，並破除了知識經濟世代的不平等，排除了過去存在於落後國家，或落後地區的資訊障礙，致使全球供需鍵 (Supply Chain) 完全打通暢通。吾人將經濟全球化背後動力的關鍵，歸納為下列四項：

（一）政經制度因素

1989 年冷戰結束後，蘇聯解體東歐市場開放，全球貿易障礙消除。原共產國家的計畫經濟，開始朝市場經濟轉型，目前幾乎所有國家，都以市場經濟為主，全球市場因此日益擴大和深化。除全球市場化改革及解除經濟管制外，因世界貿易組織的成立，關稅和非關稅障礙逐步解除，全球資金，無論是外人直接投資，短期證券投資或融資，所造成的跨國資金大量移動，都是促成經濟全球化的制度因素。

（二）技術因素

新科技不斷突破，特別是運輸（如噴射機）全球交通、和傳播媒體科技（如電話、電腦、全球網際網路）的發展，造成時空障礙的消除。

（三）金融因素

國際金融市場的深化與創新，尤其在 1980 度以後，由於全

球多數國家先後追求金融自由化、國際金融市場解除管制、新金融商品不斷出現和交易技術的突破（如運用網路科技），使得國際資金可以自由的跨國界移動。

（四）企業因素

從生產面而言，全球生產過剩，國內市場飽和、國內生產因素價格高漲；從需求面而論，全球消費者偏好趨於一致，追隨客戶走向國際市場。從成本的角度，為了達到規模經濟，範疇經濟，而採取國際化的行動；從競爭的角度，主要是為了爭取競爭的優勢，或為反制競爭者的行動。

二、經濟全球化的影響

隨著各國貿易藩籬的逐漸撤除，資訊科技的廣泛運用，運輸條件顯著改善，交易成本大幅降低，各國資源包含商品、資本、勞動甚至知識，可以自由移動運用，經濟全球化已形成一股，沛然莫之能禦的趨勢。

經濟全球化的結果，使國內與國際的市場，更加緊密的融為一體，更積極的參與國際競爭，是經濟全球化的必然。

（一）經營環境變化迅速

國際直接投資正以前所未有的速度，迅猛增長，目前已成為推動世界經濟，發展的重要力量。經濟全球化將商品、勞務、人員，和資本的跨國界流動，產生國際市場的大整合，並讓全球各地緊密地連結在一起，同時也使企業無法抗拒的全球競爭。從「競爭」的角度，來看經濟全球化，則更加凸顯企業經營環境變化迅速。為適應經濟全球化的市場競爭壓力、國際分工情勢，企

業全球化就必須以全球化思維，用整合思考的方式，思考供應商、生產地點、市場、競爭等各層面來思考，是必然的道路。

（二）降低成本壓力大

跨國貿易與投資障礙降低，以及世界貿易和投資環境的自由化，這都會增強降低成本的壓力。金融危機爆發後，眾多公司都選擇和採取，減低和控制成本的策略。

（三）加大競爭壓力大

隨著全球化的快速發展，及國內投資環境的改變，產業競爭疆界日益模糊，產品生命週期愈來愈短，產品從創意、設計、製造、通路、行銷一連串過程，所形成的價值鏈，已從以往緩慢、穩定的發展型態轉變為變動、快速反應的動態價值鏈體系。如今在新市場開拓不易、競爭廠商環伺的情形下，競爭壓力大幅升高，企業必須快速調整其經營策略，否則就有被淘汰之虞。

（四）更加速企業的全球化

經濟的全球化，使得全球的資訊、技術、貨物、資金及人員往來，越來越自由化，這使得全球商機處處，但也充滿競爭與挑戰。如今經濟全球化啟動之後，就會更加速企業的全球化。所謂企業的全球化，就是「企業的產品或活動，延伸至本國以外」。企業之所以必須全球化，主要是與兩項企業求生存、求發展的條件，密切相關。

(1) 全球營運增強企業生存力

藉由生產資源優勢，來增加企業競爭，或積極開發外在市場，將企業的商品行銷到規模市場，克服區域市場的飽和，並抵禦全球激烈競爭的挑戰。

(2) 能有較高的獲利空間與成長的空間

企業若能妥善應用散佈在世界各地的物料、人力資源、生產低成本、與高附加價值的商品，並放眼在全球的規模市場，將會為企業未來開拓一廣闊的營運範疇與獲利成長的空間。

表1-1 經濟全球化之「定義」表

經濟全球化的定義項次	人名或機構	定義
1	奧斯特雷	生產要素在全球範圍內廣泛流動，實現資源最佳配置的過程。
2	IMF	跨國商品及服務貿易與國際資本規模和形式的增加，以及技術的廣泛迅速傳播，使世界各國經濟的相互依賴性增強。
3	雅克·阿達	資本主義經濟體系對世界的支配與控制。
4	托本等人	全球化是指各國通過貿易，對外直接投資和資本流動，訊息網絡和文化交流而形成的高度融合和相互依賴關係。
5	洪朝輝（2000）	跨區域的貿易、資本、訊息、市場、企業和人口的擴展過程，並對地球另一區域民眾和社區的影響，存在相當的廣度、強度和速度。
6	Thompson, Flecker and Wallace	經濟全球化趨勢包含幾個相互關連的層面，即生產過程的國際化、世界市場的整合、國際勞工分工、跨國企業的國籍背景日趨淡化、金融市場的自由化和國際化，以及通過經濟和政治整合各國制度架構的趨同化等。

經濟全球化的 定義項次	人名或機構	定義
7	鄒勳元（2001）	資本主義下自由市場理念的充分延伸，拜科技與通訊技術之賜，而使貿易、金融、生產、銷售等要素突破了以往疆界的限制，在全世界的範圍內尋求最有效率的結合，以達到個人或企業最大利益為目標。
8	楊雪冬（2003：31）	資本追逐利潤所產生的一系列現象的總和。這些現象包括商品、勞務、人員和資本的跨國界流動，也包括各類跨國界統一市場的形成。
9	Burgoon Brian (2001)	經濟全球化牽涉自由化和較大的貿易流量、資產組合投資和直接投資。

第四節　企業國際化概觀

　　台灣企業的國際化，大體上是與台灣的經濟發展，同步前進的，從 1950-1960 年代的進口替代和出口擴張階段，到了 1980-1990 年代，台灣企業慢慢地從世界經濟的後台，站上了前台。除了傳統產業之外，高科技的電子、資訊、通信和金融、服務等產業各領風騷，產業風貌變成多樣化。企業的價值鏈活動，也從代工生產 (OEM)、設計生產 (ODM)、進而經營品牌 (OBM)。國際化的生產和行銷，讓台商的足跡，從南向東南亞到西進中國大陸，也有遠至英國、荷蘭、澳洲、美國、加拿大，和南非、巴拉圭。

　　目前在市場規模不足，與生產資源的迫切需求下，台灣企業

對於國際化的推展，是刻不容緩的議題。

一、企業國際化動機

　　為什麼要跑到別人的土地，去適應不同的文化，克服法律以及多種的障礙？顯然背後的動機是很強的！這些障礙到底有多少呢？根據研究，台商在大陸及東南亞，所遇到的障礙有許多相似處，主要是：（一）當地基礎設施不足；（二）行政效率不佳；（三）物料存貨成本增加；（四）派遣人員適應問題；（五）法令繁瑣或不定；（六）當地勞工工作效率低；（七）巧立名目費用；（八）當地產品品管不易；（九）應付人際關係與額外交際費；（十）資金周轉困難；（十一）大陸當地銀行貸款融資困難；（十二）職位當地化；（十三）當地國市場無法開拓；（十四）交通運輸問題。以早期的荷蘭東印度公司為例，東來台灣，甚至還要克服國防軍事武力的障礙。為的是什麼？就是要找尋貿易機會，爭奪海外新的貿易市場。

　　現階段的國際企業，要克服如此之多的市場障礙，為的又是什麼？可歸納為：掌握市場、獲取利潤、永續成長（有權使用新市場、有權使用資源）、配合國外客戶要求、隨客戶赴當地投資、以及求生存與追求競爭優勢有關。同時，企業在經濟全球化的時代，若無法放眼全球的市場，而競爭對手卻以全球化取得國際資源與競爭優勢，此時不但市場要拱手讓人，可能還要冒著自己在本國的事業，拱手讓給具有較低成本、較有經驗，及較好產品的國際競爭者。以下大略分為三大區塊，歸納其國際化動機。

（一）台商赴東南亞投資主要動機

主要爲：(1) 尋找生產資源，如利用當地廉價勞力，土地租金便宜、用地取得容易；(2) 尋找新市場，爲擴大當地及第三國的銷售市場；(3) 擴大規模增加產能；(4) 利用當地最惠國待遇的優惠與配額；(5) 配合客戶需要；(6) 分散風險。

（二）選擇投資於歐美地區的動機

依序爲：(1) 擴大當地市場；(2) 取得或開發先進技術；(3) 蒐集商業情報；(4) 促進對其他國家的出口；(5) 分散投資風險。

（三）赴大陸投資主要動機

大致爲：(1) 利用當地低廉工資與充沛勞力；(2) 語言、文化等背景相似；(3) 土地租金便宜、工廠用地取得容易；(4) 爭取廣大內銷市場；(5) 取得原料供應；(6) 獎勵投資與優惠措施；(7) 處置或淘汰閒置設備；(8) 享有最惠國待遇和配額；(9) 國外進口商的要求；(10) 分散母公司經營風險。

二、企業國際化優點

以鴻海的全球化爲例，由於企業的國際化，以及本身不斷的發展，目前已具備全球製造力、全球研究與開發力，以及全球及時交貨的能力。國際化的確能夠爲企業開拓市場、利用國際資源、增加利潤、應對全球競爭，並協助企業在既有的市場競爭中，開拓出更具優勢的競爭策略與營運。

（一）擴大市場

公司運用獨特能力，到國外市場進行擴張，以獲取鉅額報酬，特別是這些國外市場中的當地競爭者，缺乏相似的競爭力和

產品時。

（二）從全球產量獲取成本經濟

由單一或少數工廠來服務全球市場，與下滑的經驗曲線，及建立低成本的位置概念是一致的。

（三）可降低成本

譬如，當地政府所提供的優惠稅法，取得低廉的要素成本（如：勞工、土地、原料等）。

（四）創造競爭力

從運用全球資源的角度來說，以宏達電為例，Android 智慧手機的旗艦新機 One，在其主機板上排列的 IC 晶片，2GB RAM 來自爾必達，處理器來自高通 Snapdragon 600 1.7GHz 四核心處理器，32GB 快閃記憶體來自三星；觸控面板控制 IC 來自 Synaptics 等公司。運用全球資源可使國際企業，創造出新的競爭力。

（五）可使企業具有差異化的優勢。

（六）規避母國的政治和經濟風險。

三、企業國際化條件

企業國際化的優點，既然如上述有六點之多，但變身為國際企業，難道本身不需要有什麼條件與優勢嗎？無論是韓國的三星、日本 SONY、美國 Google、蘋果電腦、中國聯想集團，基本上，都有其既有的競爭優勢條件，這些優勢就是技術、品牌、規模經濟、人力資源。

四、企業國際化程度

　　檢視國際化的程度，主要在觀察該企業，分散風險、整合資源，抓住機會的能力。以曾經統治台灣的荷蘭東印度公司為例，當時原只想以台灣作為中、日貿易的轉口站。但進占台灣後，發現台灣具有發展產業的潛在條件，於是積極推動台灣產業，進行對外貿易。

　　企業國際化程度的指標，不同的學者看法不同。但整體而言，常用的指標有：跨國投資佔總資本投資額的比率；海外銷售額占總銷售額的百分比（國外銷售金額／總銷售金額）；海外資產占總資產的百分比（國外資產／總資產）；海外分公司營運單位數占總公司營運單位數的百分；國外員工人數／總員工人數；公司在世界上所有重要區域中競爭，所產生的產業收益之比例；高階管理者的國際經驗；管理者的全球視野。

第五節　企業國際化步驟

　　有的企業國際化歷程，與全球的經營佈局，是極為謹慎的！所以企業國際化的步驟，大都是循序漸進的。企業在其主要市場，遵循「漸進式」的國際化進程，初期多以國外代理商進入市場，以及一連串的國際合作、策略聯盟，所交織而成。隨產銷規模擴大，企業直接銷售比例逐年增加，再經由配合客戶多樣化的即時需求，以及產業分工趨勢的逐漸形成後，再進行海外購併行動，使觸角更為延伸。若是自創品牌國際行銷企業，通常會在其主要市場建立專屬通路，並直接投資海外子公司，次要市場則採

直接銷售代理商通路；若是國際代工廠將產品定位於「高品質、中高價位」，為加強對國外客戶之運籌服務，以及找尋更廉價之生產地點，直接投資設立海外子公司，仍為常見的做法。簡言之，隨著海外經驗的增加，企業對國外投資承諾也隨之增加，投資金額也隨之加碼，由控制程度較低的透過代理商拓展市場的方式，進而走向合資，最後甚至透過購併或新設公司走向獨資。

一、企業國際化的進程

　　企業國際化是漸進的，以中國大陸的海爾集團為例，從1995 年就開始向美國出口冰箱，近 5 年之後，在當地已經積累了一定的品牌影響，而且已經積累了較多的關於美國市場的知識，才建立美國海爾工業園（生產中心）。在此前，海爾已在洛杉磯建立了設計中心，在紐約組建了貿易中心。以下從五個向度來觀察，企業國際化的進程。

（一）營運方式

　　會從未出口、找代理商出口、成立國外銷售子公司、最後成立國外生產子公司。

（二）目標市場

　　由近的市場，往遠的市場發展。這是因為有國際化動機之後，在風險意識的考量下，常會以「心理距離」為國際化經營之始，亦即以「心理距離的遠近」，作為跨國經營優先順序的考量。

（三）銷售標的

　　先是既有產品線的擴張，繼而建立新產品線，最後改變軟硬體等構成要素，如技術、服務等制度上的變革。

（四）組織結構

會依產品多角化及國外銷售值，佔總銷售的比例，然後逐步依序設立國際事務部、區域事務部、產品事業部、矩陣組織，配合非正式協調機制的方式。

（五）人力資源

隨著企業的國際化，海外單位用人方式為：起初由總部派人，然後用當地人才，最後由全球遴選最適當的人才，擔任高階主管。

二、企業國際化的四大階段

企業國際化的歷程，可依企業組織結構的變化，分為「進入期」、「成長期」、「擴張期」與「整合期」四個階段的演繹。

表1-2　企業國際化歷程

國際化階段	進入期	成長期	擴張期	整合期
海外主要營運單位	外銷部門或各個獨立產品事業部門下之國外單位	海外銷售、行銷據點	國際事業部門，海外生產據點	海外具有完整企業功能的分公司
海外主要企業活動	間接出口、直接出口、OEM接單	海外當地直接行銷、成立服務中心	合作生產、整廠輸出、海外倉儲、海外裝配製造工廠	完整的企業功能，如生產、銷售、人事、財務、資訊管理、研發等活動

（續前表）

國際化階段	進入期	成長期	擴張期	整合期
地理範圍	以本國為主	分散在各國或地區	視某些區域為單一營運範圍，在該區域內的活動乃跨政治界限進行	將全球視為單一營運標的，所有活動以全球整合為基礎
資源運用管理型態	集中：決策、資源與資訊，均緊密且集中統籌管理	非集中：著重於「當地回應」，總公司對海外當地據點極少予以控制	協調：正式的管理與規劃系統；資源與責任分散至各海外據點，但受總公司控制	整合：責任與權力共享的管理團隊，其間協調流程複雜，決策的進行以合作方式共同制定

問題與思考

一、國際企業與國內企業有什麼重大差異？

二、國際企業的管理內涵？

三、國際企業為什麼比較難控制？

四、台商為什麼要去東南亞投資？

一、國際企業與國內企業有什麼重大差異？

答 國際企業與國內企業的差異：國際商業活動與國內商業活動，因著運輸成本、貿易障礙等，而有很大的區別。這些區別可歸納為四點：(1) 各國文化可能存在差異，而使交易的各方面，必須調整其觀念與行為；(2) 各國政治與經濟體制可能不同，而其相關的法律差異，也需要國際企業管理者的注意；(3) 各國使用的貨幣不同，因此在國際商業活動中，可能需要兌換貨幣；(4) 各國生產力及可供利用的資源等，供給面因素也可能存在差異。

二、國際企業的管理內涵？

答 國際企業的規劃、組織、領導、用人、控制。（一）規劃是針對目標，所選擇的行動方案，以及評估最後執行成效的過程；（二）組織結構係指一個組織，為達成組織目標，而對組織成員、工作與資源，加以適當的安排與分配，所顯示出的一種態勢；（三）國際企業的領導是，指在特定情境下，領導人運用諸般智慧與手段，影響他人，共同努力來達成組織目標；（四）國際企業的用人：找適當的人從事任務，是用人的核心意義。所謂適當的人，是指德與才兩方面，缺一不可；（五）國際企業的控制：控制是檢視工作，是否有按照工作計畫、工作目標、工作進度進行，以增加效率，同時又避免發生錯誤。

三、國際企業為什麼比較難控制？

答 國際企業的控制，相對於國內企業較難。這是因為四大原

因：（一）遠距離；（二）法令、稅法、文化、語言及利害關係人等差異大；（三）溝通協調相對困難；（四）資訊即時性較差。國外子公司所處地主國的環境狀況，會影響母公司對該子公司的控制行為。

四、台商為什麼要去東南亞投資？

答 台商赴東南亞投資主要動機：(1) 尋找生產資源，如利用當地廉價勞力，土地租金便宜、用地取得容易；(2) 尋找新市場，為擴大當地及第三國的銷售市場；(3) 擴大規模增加產能；(4) 利用當地最惠國待遇的優惠與配額；(5) 配合客戶需要；(6) 分散風險。

學習目標

一、企業國際化經營環境的評估

二、要從哪些方面評估東道國的政治環境？

三、區域經濟整合動態變化的方向

四、東道國的經濟環境的評估指標

五、東道國的法律環境的評估指標

全球經濟出現新變局

　　國際重要的指標性新書，《2014-2019 經濟大懸崖：如何面對有生之年最嚴重的衰退、最深的低谷》，已點出全球經濟即將出現新變局。這個變局就是全球將面臨經濟大懸崖，而且時間就是 2014 到 2019 年。

　　為什麼會出現這個變局呢？主要的原因是戰後嬰兒潮的年紀，已逐漸老去，而且也慢慢退出職場、步入退休，而後續世代的人口數，卻急遽的減少，而且不足以維持嬰兒潮所造成的經濟熱度。美國和歐洲也正步上日本的後塵——個人消費抵達高峰的年紀。儘管在每個國家都不同，但美國和歐洲境內最富有的族群，已經走到了懸崖邊。後果是引起通貨緊縮，以及接踵而來的大量失業、資產縮水，歐美股市將在短期內，暴跌 65%。

企業國際化所面對的外部環境，相當的複雜，而且遠比國內投資的風險和不確定性，都要大得多！因為在企業國際化過程中，不但企業要有創意、資金、人力、物力、設備，尚需注意各國的民情、法律、關稅、文化傳統、購買習慣、技術水準、產業結構、經濟結構、經濟發展、地緣經濟、顧客消費品味等變數。因此在營運或投資前，都應該嚴格且清楚的計算。《孫子兵法》說：「多算勝，少算不勝，何況無算乎？」所以企業在國際化經營過程中，必須對環境變數，給予更加充分的重視，才不會造成爾後企業營運的危機。

基本上，國際企業應該從宏觀與微觀的角度，分別針對其環境，所包含的總體環境與個體環境，持續進行監控與分析，特別是像科技變化、政治動向、經濟脈動、消費趨勢、社會變遷、生活變化、同業競爭戰略、法源稅基變化等，如此才能決定是否要進入該市場，以及爾後的經營戰略。為什麼要這麼謹慎？這主要是因為企業國際化的經營環境，惟一不變的，就是變！惟一確定的，就是不確定！也正是因為國際經營環境的複雜多變，所以，當代國際企業的經營者與主管，應洞察這些環境的變化與脈動，才能有效因應新局。

第一節　東道國政治環境評估

政治是價值作權威性分配最重要的關鍵。東道國究竟會往哪裡發展，資金會投入哪裡，稅制的決定，政治都扮演重要角色，而且會影響到國際企業的獲利。國際企業對於東道國的政治環

境，最主要應該關切的是，以下四大部分。

一、政治制度

　　國際企業選擇進入的國家，與目前東道國執政黨的價值觀，是否適合本企業未來的運作，是否有政治風險？譬如，大幅加稅，或是推出像大陸《勞動合同法》一樣，讓整體人事成本大幅增高，又或是沒收企業，或對企業主的生命財產，產生危害。在共產制度及軍事獨裁制度的國家，領導者或決策者擁有的權力，特別的大！譬如，極端的例子北韓，老百姓數以萬計的餓死，顯然連他們自己同胞的命都不看重的話，那國際企業一旦利用完畢，又算什麼？因此，國際企業要到類似獨裁專制的國家營運或投資，除了企業具備特殊的競爭優勢，關係也極為重要！如果沒有良好的黨政軍高層關係，即使賺到了錢，錢能匯出去嗎？企業會不會被國有化？在緬甸軍政府開放前，或中東少數專制國家，就曾經出現這類情形。所以政治環境是國際企業，在投資或營運前，不能不考量的要點。

二、政治環境穩定與否

　　政治環境是否穩定，會影響到國際企業的營運。在政治環境穩定與否，主要觀察兩個面向，一是對內，二是對外。政治環境若不穩定，將嚴重威脅企業的營運，像泰國在 2014 年紅衫軍與黃衫軍的對峙，甚至為了要推翻執政黨，以大罷工為手段；2014 年伊拉克政府軍與蓋達組織(Al Qaeda)交火，造成逾160人死亡；其他如埃及和菲律賓的反叛軍等，對政治環境穩定都產生衝擊。如果國際企業已經接了國際訂單，或已經出口到當地，結果碰上

大罷工，勢必影響交貨的時間與承諾，而對企業產生重大傷害。

　　對外的觀察是，該政治體是否會與其它政治體，發生軍事衝突。如果可能發生軍事衝突，在砲火的威脅下，對國際企業將產生不利影響。譬如，在中東投資，要小心以、阿發生軍事衝突，以及「阿拉伯之春」後的政治動盪；東亞的中國和日本因釣魚台，就有可能造成擦槍走火。這對於國際企業的接單或交貨，都是不利的。

三、政府產業政策

　　日本政府於 1950 年代決定發展汽車產業，決策者深知若讓美、歐汽車繼續長驅直入，日車將永無出頭之日，於是下令禁止汽車進口，以讓日本車廠在保護傘下成長。日本於 1950—1965 年就是關起門來讓豐田、本田、日產、三菱、鈴木等車廠競爭，待技術成熟才開放市場，至 1978 年才把關稅降至 6.8%，而此時的日車已足以和美、歐並駕齊驅了。就這個個案來說，國際企業若要是否要進入日本市場，就應該預判日本的產業政策，並採取有效的策略。

四、政府廉能與否

　　政府的經濟功能是，糾正市場失靈；保護幼稚工業；提高經濟效率；促進社會公平；區域均衡發展；降低失業率；縮小貧富差距。要達到這些功能，各國政府的手中，握有兩大工具：

（一）總體經濟工具

　　政府直接供應、貨幣政策、財政政策、貿易政策、外匯政策、

所得政策等。

（二）個體經濟工具

　　政府管制、反托拉斯政策、公營事業、產業政策、訂定標準、證照申請制、課稅、補貼、充當保證人、採購者等。

　　換言之，政府的權很大，但擁有大權，並不代表政府的效率與廉潔，而政府的效率與廉潔，對於國際企業的營運，必然產生一定程度的影響。以美國在台商會為例，根據該商會所發佈的「二〇一四商業景氣調查」，美國商會會員認為，影響美國企業在台營運，十大障礙之首，就是我國的「政府效能」。因為沒有政府的廉能，就無法及時排除企業所遭遇的問題；而不問法律，只講關係的腐敗政府，只會增加企業營運的負擔。所以國際企業進入該市場時，必須將當地國的政府廉能與否，納入重要考量。

影響美商企業
在台營運十大影響

2014	2013	2012	議題內容
❶	❸	❹	政府效能
❷	❷	❷	法規解讀不一致
❸	❶	❶	本地市場需求轉變
❹	-	-	選擇性適法（2014年新增）
❺	❹	❻	過時／不合時宜法規
❻	❻	-	新法、新規範上路前宣導不足 （2013年新增）
❼	-	-	台灣法規與國際法規不一致 （2014年新增）
❽	❾	⑩	透明度不足
❾	❺	❸	在徵募適當新員工上有困難
⑩	❽	❽	勞動力成本轉變

資料來源／台北市美國商會（AmCham Taipel）
製表／林毅璋（聯合報）

第二節　區域經濟整合

　　目前世界經濟的整合，希望透過「自由化」的經貿活動，以提高經濟資源使用效率，進而提升人民生活福祉。全球經正在整合的，有兩大趨勢，一是世界貿易組織，二是各地的區域經濟整合。就前者而論，世界貿易組織主要目的是，減少全球性的關稅和非關稅貿易的障礙，對全球、國家及產業，都會有不同程度的衝擊。就後者而論，區域經濟整合既可使區域內的企業，享有開放市場的優惠待遇，又能減少影響產業競爭力，外在貿易障礙的因素。目前依程度的差異，其主要類型為，優惠貿易俱樂部 (Preferential Trading Club)、自由貿易區 (Free-Trade Area)、關稅同盟 (Customs Union)、共同市場 (Common Market)、經濟同盟 (Economic Union)。

　　以優惠貿易俱樂部而論，該組織裡的會員國與會員國之間，採用對產品降低關稅的措施，但對非會員國的貿易，則採用原有的貿易障礙。又如自由貿易區，這是指區域內的會員國之間採行產品、勞務自由流通的自由貿易，但對非會員國家的企業，則採取不同的貿易政策。由此可知，國際企業不能沒有注意，區域經濟整合的趨勢與程度。因為在生產或銷售的區域，如果沒有區域經濟整合，在進出該國國境時，有可能產生的稅額，與適用的稅制，有很大的差異，這些差異會衝擊國際企業原有的優勢。反之，若是在區域經濟整合的範圍內，則有可能產生加乘的作用。

　　目前區域經濟整合還在動態變化，但隨著歷史的演進，現階段區域經濟整合，最顯著的區域是，東亞、美洲及歐洲。以下針

對此三大區域，已經完成的區域經濟整合，加以說明。

（一）東南亞國協(Association of Southeast Asian Nations, ASEAN)

成員包括汶萊、柬埔寨、印尼、寮國、馬來西亞、緬甸、菲律賓、新加坡、泰國及越南。

（二）海灣合作理事會(Gulf Cooperation Council, GCC)

成員包括沙烏地阿拉伯、阿聯、安曼、巴林、卡達及科威特。

（三）北美自由貿易協定(North American Free Trade Agreement，NAFTA)

成員為美國、加拿大及墨西哥。

（四）中美洲自由貿易協定(Dominican Republic-Central America FTA，CAFTA-DR，或簡稱CAFTA)

成員包括中美洲 5 國（哥斯大黎加、薩爾瓦多、瓜地馬拉、宏都拉斯、尼加拉瓜）、美國及多明尼加。

（五）美洲人民玻利瓦聯盟(Alianza Bolivariana para los Pueblos de Nuestra America, ALBA)

成員國包括委內瑞拉、尼加拉瓜、古巴、厄瓜多、玻利維亞、宏都拉斯，及加勒比海聖文森 - 格瑞納達、多米尼克、安地瓜等國家組成。

（六）歐盟成員

包括法國、德國、義大利、荷蘭、比利時、盧森堡（以上 6 國為 1957 年創始國）、英國、愛爾蘭、丹麥（以上 3 國 1973 年加入）、希臘（1981 年加入）、葡萄牙、西班牙（以上 2 國 1986 年加入）、奧地利、芬蘭、瑞典（以上 3 國 1995 年加入）、波蘭、

捷克、匈牙利、斯洛伐克、愛沙尼亞、拉脫維亞、立陶宛、斯洛
維尼亞、馬爾它、塞浦路斯（以上10國2004年加入）、羅馬尼亞、
保加利亞（以上2國2007年加入）、克羅埃西亞（2013年7月
加入）等28國。

表2-1　區域經濟整合的五種模式

項目類別	自由貿易區	關稅同盟	共同市場	經濟同盟	全面經濟整合
取消區域內關稅與非關稅障礙	✓	✓	✓	✓	✓
對外採取共同的關稅		✓	✓	✓	✓
區域內勞力與資金的自由流通			✓	✓	✓
採取共同的金融、財政與經濟政策				✓	✓
建立超國家機構					✓

　　沒有加入區域經濟整合區的國家，將陷入經濟「邊陲化」的
困境。在沒有加入區域經濟整合區，營運的企業若沒有加快國際
化與研發創新的腳步，而僅用貿易方式輸出，傷害會越來越明
顯。這是因為區內國家彼此的貨物關稅降低，甚至降至零，所以
根據標準貿易模型 (The Standard Trade Model)，區內國家之間的
貿易會增加；而位於區外企業所生產的相同產品，由於要附加關
稅，價格會相對較高，競爭力降低，至終將會被排擠出局。譬如，
2012年3月15日，美韓自由貿易協定「FTA，Free Trade Agree-
ment」生效後，韓襪輸美關稅降至零，台襪卻高達10%至19%。

導致 2012 年底，台灣唯一的織襪聚落——彰化社頭，傳出史上最大的跳票潮，由此可見區域經濟整合的威力。

兩岸簽訂 ECFA，在大陸生產的台商，就可以進行策略專業分工或互補，以創造最大的生產效益。以裕隆汽車爲例，在納入零關稅清單後，就可以針對車型，在兩岸生產的分工。反之，若無此經濟整合，對於國際企業就是一項障礙。

第三節　東道國的經濟環境

企業走向國際化時，可能要面對東道國債台高築、通貨膨脹、失業率高、貨幣暴貶等問題，這些都會影響國際企業的獲利營收。所以國際企業在進入東道國時，不能不掌握東道國的經濟環境。要掌握東道國的經濟環境，就不能不分析東道國的經濟制度（自由經濟制度、社會主義制度、獨裁專制）；經濟發展程度（已開發國家、開發中國家）；所得與購買力（高所得國家、低所得國家）；人口總量與分佈；基礎設施；自然稟賦與資源；國際收支；匯率變化；當地國的市場規模；外資投資狀況；主要的銷售通路等。

唯有深刻認識東道國的經濟環境，國際企業才不會曝露在層層的危機中。以下是應有的基本認識。

一、經濟制度

從經濟學角度來說，制度可定義爲，經濟交易的行爲規則，與解決經濟問題的方式。因此，制度必須涵蓋規則，而規則可約

束並規範各個經濟個體（家戶、廠商、政府等），相互之間的經濟關係與行為。不同的經濟制度，會影響到國際企業進入的策略，同時也會影響到營運的模式。在自由經濟制度的體制下，國際企業進入策略選擇的空間最大；在獨裁專制的體制下，國際企業考量的面向，需要最謹慎！

一般來說，從資源配置決策權（市場與政府）之分，及資源所有權（私人與國家之別），可區分為市場經濟（資本主義）經濟制度、控制經濟制度（共產主義）、混合經濟（社會主義）經濟制度。

（一）市場經濟（資本主義）經濟制度

透過市場機能運行，來決定資源配置及產品組合。該經濟制度的生產工具 (means of production)，是歸私人所有，資源分配則由市場決定。該制度奠基於亞當・史密斯 (Adam Smith)，所出版的《國富論》(*Wealth of Nation*) 一書。該制度的特質，主要有以下七點。

(1) 承認私有財產

在合法方式下取得的財產，有權進行充分的利用。

(2) 強調經濟自由

生產自由、消費自由與就業自由。

(3) 自利動機

強調自利是社會進步的動力。

(4) 重視價格機能

「看不見的手」→價格機能，是資本主義的運轉樞紐。

(5) 自由競爭

政府對合法範圍內的經濟事務，採放任不干涉。

(6) 政府功能

「最好的政府是，干涉最少的政府」。

(7) 缺點

資本主義經濟制度產生許多缺點：貧富懸殊。

（二）控制經濟制度（共產主義）

透過政府機構，直接分配資源，達成計畫生產目標。至於價格、產量或分配等經濟問題，均由政府規定，人民沒有任何選擇的自由。該制度理論起源，主要奠基於馬克斯，目前仍存在的經濟體，如北韓、古巴。

（三）混合經濟（社會主義）經濟制度

以控制經濟為主，私人經濟為輔的經濟制度。其主要特質有以下四點：

(1) 承認私有財產制

私有財產是激勵人類奮發向上的原動力。

(2) 尊重就業自由

個人勞力財產在不違背公眾福利的原則下，可自由運用。

(3) 重視資本密集、技術密集與專業分工

以促成社會進步的原動力。

(4) 政府經濟職能

政府的經濟職能，介於共產主義經濟制度與資本主義經濟制度。

二、產業結構

　　產業結構影響國際企業的進入策略，一般而言，依市場的競爭程度，與供給家數的多寡，產業結構可以分爲：（一）完全競爭；（二）壟斷性競爭；（三）寡占；（四）獨占（完全壟斷）等四大市場結構。不同的市場，競爭策略與績效，有極大的差異。有些國家希望引進的國際企業，是要能夠與產業政策相結合，與經濟結構的轉型相適應。透過五項主要變數，國際企業就可以很快的就可以掌握目前產業結構，如：（一）廠商數目；（二）產品同質或異質；（三）進出市場難易程度；（四）競爭程度；（五）訂價能力。

　　最能顯示外銷市場，具有吸引力的產業結構指標，主要是：

（一）工業結構

　　一個國家的工業結構，往往決定其商品與服務的需求、所得多寡及就業水準。其中又可分爲自給自足經濟、原料出口經濟、開發中經濟及工業化經濟等四種。

（二）所得分配

　　在自給自足經濟國家，可能有許多低家庭所得的家計單位；相較之下，工業化經濟的國家可能有低、中、高所得的家計單位。這些產業結構說明，國際企業能滿足這些需求。

三、基礎設施

　　醫療、電力、鐵路、公路、機場或水路運輸、網路普及率等，都是重要的基礎設施。譬如電力不足，對於想要運用當地廉價勞動力的國際企業，顯然就需要再深度思考。以機場爲例，已不再

只是單純的起降飛機而已，而是進化成為結合客運、貨運、物流、休閒及商務等，多元功能的運籌樞紐。所以有沒有機場，對於國際企業的運作，影響真的很大！若是這些關鍵的基礎設施不足，對於國際企業所生產出來的商品，就無法及時按客戶的要求，送到消費者的手裡。所以再好的產品，若缺乏基礎設施，一切都如空中樓閣，無法真的達到目標。

但是從另一個角度而論，缺乏基礎設施，對於提供基礎設施的國際企業，就是一大利多！譬如，以往拉丁美洲最受詬病的，就是基礎設施設置不足、交通運輸缺乏效率。為了改善這些弊病，墨西哥、阿根廷、巴西等拉美主要國家，近年來全力擴充基礎建設，為的就是改善投資環境。當這些國家要改善基礎設施時，對於提供這些服務的國際企業，就是極大的商機。

四、要素稟賦與資源

亞當・斯密 (Adam Smith) 在絕對優勢理論中，所強調生產分工理論，或是大衛・李嘉圖 (David Ricardo) 在《政治經濟學及賦稅原理》中，所說的比較優勢理論，通通在說明自然稟賦與資源，對國際企業在進行貿易時的關鍵性。生產要素中的勞動力、土地，以及土地所蘊含的資源，農、林、漁、牧、礦藏（一般及金屬）、土地、水力等，都可能成為國際企業的必需。為取得這些資源，企業可能要進行國際化行動。以最近美國發現頁岩油，並發展出相關技術後，已提供美國低廉的天然氣來源，讓美國企業支付天然氣的價格，僅是其他國家的五分之一，這對於美國生產的企業，將帶來重大的油電優勢，勢將大幅提高美國企業國際競爭的能力。因為美國變成產油國，所以許多國際企業如艾克森

美孚石油、荷蘭殼牌石油、陶氏化學和日本住友集團等，都已經規劃在美國當地設置新規模化學工廠，估計到二〇三〇年時，這些在美國的國際企業，將投資一千億美元的規模，以因應屆時頁岩油大量開發後，所需的石化相關產品的煉製。

利用東道國的資源稟賦，基本上需要有兩個條件，一是技術、資金、勞動力要素等方面，優於東道國的企業，從而在總體上保持成本優勢；二是進入到東道國能平等地使用東道國的資源稟賦。

此外，原物料的價格走勢，會隨著全球景氣的變化而變化。譬如，黃小玉（黃豆、小麥、玉米）或各種金屬的價格，如銅、鋁、鐵礦砂等，每年價格變化的幅度，有時非常的驚人。如果國際企業沒有做好避險的動作，很可能帶來重大的傷害。

五、稅制環境

稅制會吸引國際企業，但同時也會成為國際企業進入的障礙。稅制高低影響獲利，獲利高低又衝擊到國際企業是否願意進入該市場的意願。舉例而言，我國民國 40 年代初期，由於物價膨脹情勢嚴重，經濟基礎尚未穩固，政府在民國 49 年，通過獎勵僑外投資條例，藉由租稅減免等手段，建立良好投資環境，獎勵範圍包括公用事業、礦業、製造業、運輸業、觀光業等。獎勵投資的政策自頒布後，平均每年投資增加率為 15.5%，同時幾乎佔國內資本形成毛額比例的 8%。

過去我國有許多到中國大陸投資的台商，中國已發佈多個國內稅法解釋令，可向台商投資到大陸的紙上境外公司課稅。中國挾著超強國力，展開海外追稅，台商愛用、也是最熱門的八個避

稅天堂——英國的根西島、曼島和澤西島、英屬維京群島、開曼群島、百慕達、巴哈馬、聖馬力諾，與大陸早有邦交，且簽署資訊交換協定。所以尚未投資大陸的企業，25% 的營所稅，是不是應該思考，畢竟台灣只有 17%。

另一個例子是，2000 年蘇富比結束台灣拍賣場，佳士得在 2001 年也離開台灣，兩家公司都選擇前往香港。為什麼離開中華民國？因我國的藝術品交易所得，被納入綜合所得稅申報，而且所得稅最高課到 40%。為什麼選擇香港？因為香港的稅制，是「分離課稅制」。「分離課稅」指得是拍賣品交易時，獲利所得產生後，直接依據稅率扣繳稅金。這個課稅方式簡單直接，讓香港的拍賣品交易金額，獨立於綜合所得稅以外，收藏家不用另外進行繁複的所得稅申報手續。顯示稅的高低與繁複，會影響國際企業是否進入的意願。

六、所得及所得分配狀態

市場規模的大小，市場上消費者目前的財富狀況，消費者未來可能的財富狀況，這是企業在分析當地國經濟環境，所必須衡量的項目。所得（財富）在某種程度代表消費能力，因此，所得高有助於消費。反之，低所得國家除非有其它誘因，否則國際企業不易銷售商品到該國。但從生產的角度，所得低可能也代表工資低，因此就有可能到當地去設廠。不過所得是會變化的，就如同 1979 年中國大陸進行改革開放時，可以說一窮二白，但如今呢？中國大陸正加速從世界工廠，轉型為世界市場，已有極大的變化！

所得分配是否均等，也是國際企業思考的議題。根據世界經

濟論壇的研究報告指出，惡化中的貧富不均，乃是僅次於北非、中東動亂的全球第二大憂慮。譬如自 2008 年的金融海嘯之後，財富向少數人手中集中，真有「朱門酒肉臭，路有凍死骨」的現象，而僅足維持家人溫飽者，更是比比皆是，貧富差距因而急速擴大。貧富差距擴大，國際企業就要思考，商品是要為貧者服務？還是為富者服務？兩者在定價、通路、設計、美學等要求上，就有很大的差異。此外，由於貧富差距擴大，造成社會階層的僵固，貧富對立升高，一旦爆發社會衝突，對生產型的國際企業就會釀成很大的風險。

七、國際收支

　　東道國的國際收支，從「蝴蝶效應」的角度，可能影響到國際企業的獲利。所謂的國際收支，是泛指某一個國家，在某一特定的期間內，對外的收支狀況。當一個國家陷入成長停滯困境的時候，譬如像日本，此時就很容易用貶值的手段，來救當地國的經濟。一旦貶值，對於國際企業就有很大的影響。對從日本進口者有利，但在日本投資生產經營者，獲利就會減少。因此東道國的國際收支變化，應該給予一定程度的注意。

　　此外，東道國的處於哪一個經濟發展階段，譬如，傳統經濟、進口替代、出口導向、新興工業化經濟階段；目前的經濟成長率、國民所得、通貨膨脹率、匯率變化、經濟穩定性；人口集中、增加率遞減；價值觀的變遷，社會福利，環保意識，以及消費者運動等。當這些社會趨勢和態度的變化，國際企業也應納入評估。

第四節　東道國的法律環境

　　面對全球化的演進趨勢，企業無可避免的會跨越國界，如新市場與客戶的開發、原物料零件的取得、先進技術的移轉、生產基地的設立、價值活動的區位選擇、以及組織設計與人力配置等。以上這些都會涉及東道國的法律，而法律是對國際企業是有強制性的，因此國際企業必須服從，應謹慎因應！若有違反，甚至有牢獄之災的可能。譬如，過去我國常見的有「動員戡亂臨時條款」、「台灣地區與大陸地區人民關係條例」，這些都會規範到企業在兩岸的商務活動。

　　近年來在國際上，最顯著的案例是在 2001 年十月，到 2006 年二月期間，由於台日韓多家面板廠，每月舉行秘密的商討會議，而違反美國的反壟斷法。沒有注意到東道國的法律，2010 奇美電被處 2.2 億美元罰金。美國罰完之後，歐盟也開罰 6.48 億歐元，中國 3.53 億元人民幣。此外，從華映前董事長林鎮弘，到奇美電前總經理何昭陽，已有八位面板廠經理人在美坐牢。沒有注意到東道國的法律，竟然有如此之高的殺傷力！

　　以大陸為例，大陸 2013 年貨物貿易進出口總值，達破紀錄的 4.16 兆美元，超越美國，成為全球貨物貿易第一的大國。有哪一個國際大企業，甘心放掉這個市場？目前在全球前 500 大的公司中，超過 95% 的公司，都已在中國進行投資或合作。但是對於這個市場的法律，真的清楚嗎？無論清不清楚，國際企業的「產、銷、人、發、才」，都要遵循法律的規定。以河南省信陽市某房產公司，為擴大宣傳，增加場面的壯觀性，從三樓房頂向

下灑 10 萬人民幣（合約 50 萬台幣）。市民爭相搶錢，場面一度混亂，宣傳效果是達到了。但是根據中共《銀行法》和《人民幣管理條例》，任何居民和單位，都有愛護人民幣的義務，拋灑人民幣的行爲，是嚴重違反國家金融法規的行爲。

　　東道國的法律，也會創造新商機。譬如，大陸在 2013 年 12 月 28 日正式批准，生育改革的「單獨二孩政策」。這指的是一方是獨生子女的夫婦，將可生育兩個孩子。法律一改變，預測在 5 年內新增 750 萬名新生兒，在 2015 年到 2019 年預計拉動人民幣 1 兆元的市場消費額。這對於相關產業的商機極大，特別是坐月子中心、奶粉、尿布、小兒科、兒童服飾、家具、玩具、文具及相關教育產業，都有極大的助益。

　　一般而言，國際企業對於東道國的法律環境，要特別注意四點，第一是保護消費者的法律，第二是保護智慧財產權法律，第三是保護生態環境的法律，第四是促進競爭的法律等，這些都是規範國際企業的商務活動。目前各國政府對外商常見的管制法規，如要求需與東道國廠商合資，或僱用國內員工數目，限制其從該國得到利潤，管制或限定價格，或訂定類似「公平交易法」、「反獨占法」，來管制欲進入該國的國際企業。其實這新林林種種的法律管制，最主要限制的層面，首先是對外資進入領域的限制，如對外資形成、外商投資的產業限制和地區限制等；二是對外資進入資格條件的限制，如對外商投資的所有權限制、業務要求，和其他限制措施等，並將這些約束規定，作爲外資進入的前提條件。

　　地主國對外資進行各種的法律約束，最關鍵的目的是，保護環境不受汙染與傷害，並有利於東道國的經濟發展。類似非常嚴

重的法律，像 2006 年 7 月歐盟環保指令ＲｏＨＳ正式開始管制，輸入歐盟的產品使用鉛、鎘、汞、六價鉻、溴化耐燃劑（ＰＢＢｓ多溴聯苯類與ＰＢＤＥｓ多溴聯苯醚類）等六項具危害性物質。2009 年 9 月，歐盟禁止銷售 100 瓦白熾燈泡，2012 年全面禁用白熾燈泡。又譬如，印度原來規定單一品牌零售通路，外資持股僅能有 51% 的政策。法律如此規定，一旦逾越，國際企業將慘遭損失。一直到 2012 年 1 月才通過，開放外商投資單一品牌零售通路持股，可以到達 100% 政策。

第五節　市場人口結構

　　人口集中度、密集度的高低，在人潮代表錢潮的意涵下，人口集中就是商機，有商機就是企業的戰略要點，戰略要點就應該是國際企業要攻占的目標。這些目標譬如，中華民國的台北，大陸的上海、廣州，日本的東京，美國的紐約，泰國的曼谷。

　　人口結構是指將年齡、性別、人種、語言、宗教、職業、收入、家庭人數、教育程度等因素，依照不同的標準，所劃分而得的一種結果。無論是生產型或銷售型的國際企業，都應考量當地國的人口結構，因為人口結構是會變化的！所以國際企業對於東道國的人口總數、人口分配、人口成長，及人口受教育的程度，敏感度應該都要很高。

　　一般來說，人口總量是龐大市場的根本條件。就生產的角度而論，以中國大陸而言，早期大量廉價的勞動力，是國際企業看重的關鍵。以宏碁而論，90 年代該公司能夠成為全球第二大 NB

品牌，拉丁美洲的人口、消費快速成長的力量，就具有極大的貢獻。以中國大陸從世界工廠，轉型為世界市場而論，關鍵除了所得提高之外，還是在於龐大的 13 億人。

就市場的角度而論，來評估人口數的威力，以大陸「光棍節」活動為例，中國大陸 2012 年在不到一分鐘的時間，就有 1000 萬人湧上天貓商城（品牌淘寶直營店），10 分鐘的交易額，就突破了 2.5 億人民幣，幾乎是 2011 年同一天的交易額 4 倍。2013 年在活動開場後的 55 秒，交易額就突破 1 億元，當日成交總金額達 350 億元人民幣。除人口總量外，以下有兩大應注意的趨勢，一是人口結構趨勢，另一是非洲新興市場。

一、人口結構趨勢

目前人口結構有兩項特殊現象，一是高齡化，二是少子化。由於遲婚、晚婚、不婚，以及遲育、晚育、不育的現象越趨於普遍，因此看到年少人口數量減少。同時也由於醫學進步、醫藥科技發達，許多致命的疾病得以治療、預防，降低人口死亡率，加以公共衛生的改善，以及營養攝取的提高，近數十年來民眾的平均壽命不斷延長，因此造成老年人口比例相對的提升。由此可知，高齡化使得老年人口增加，少子化造成年輕人口減少，兩者共同反轉了全球人口結構，也都使企業面臨新生人力資源，供給減少的困境與壓力。同時，人口結構對產品的開發及銷售，都會有不一樣的結果。譬如，針對高齡化趨勢，生產嬰兒尿布的國際企業，可能轉向老人需求。以少子化而論，對於小兒科、童裝、奶粉、幼稚園等產業，都會產生不同程度的威脅。

二、非洲新興市場

擁有 9 億消費人口的非洲大陸，是全世界成長最快速的市場。事實上，非洲比想像中的還要富有。就人均所得來說，非洲比印度富有，而且在 53 個非洲國家中，有 12 個國家比中國有錢。這個全球最年輕的市場中，無論是食品業、汽車業、金融業、資訊業、建築業、醫療業、電影業、行銷廣告業等，每一樣都是他們需要的，從基礎建設到整合加值，幾乎步步是鑽石，寸寸是黃金。所以著名的國際企業，像可口可樂非洲總部，已從原來的英國搬到非洲．雷諾日產汽車在非洲，也已興建汽車裝配廠，英國聯合利華公司在當地成立非洲子公司．印度塔塔集團投入在地民生建設。目前有 2000 多家的中國國際企業，在非洲投資，且已涉及建築、金融、製造、採礦、電信、農業等諸多領域。在非洲 50 多個國家中，中國投資已達 1/10。

第六節　語言和文化環境

文化是價值觀的總和，語言則是相互溝通的重要工具。這兩者是企業在國際化進程中，必然不可少的！

一、語言

「語言能力」已成為國際人才的關鍵能力，在全球化的商業世界裡，每家企業都想和全世界做生意，因此，英語這樣的共通語言，就成為非擁有不可的利器。根據 2012 年的調查顯示，中華民國一千大企業中，有 9 成 6 的企業，只要你進入工作，隨

時都可能面臨需要使用英文的狀況；甚至有 8% 的企業規定，在公司內只能以英語溝通。同樣是 2012 年的調查，韓國千大企業 100% 採用多益測驗，做為管理員工的工具，而且對於新進人員多益門檻為 700 分，遠高於我國和日本的 550 分。由此可見，韓國企業向拓展世界版圖之企圖心，極為強烈鮮明。

如果語言能力不足，在企業國際化的歷程中，就有可能變成一種障礙。即使兩岸所用的語言都是國語，只差在台灣用繁體字，大陸用簡體字。照理說，應該只是字表面的差異而已，但實際上，對同一用字的理解及認知，往往差異極大，因而造成誤解。例如，大陸常用「肯定沒問題」、「問題不大」或「基本沒問題」等用語，台商的理解是，對方拍胸脯保證，應該可以放心！但實際上，往往卻不是那麼一回事。因此，台商在聽到大陸的用語時，切忌以台灣的思考邏輯，去下判斷。此外，即使對同一事件的表達方式，其用語也南轅北轍，例如：台灣講「品質」，大陸講「質量」；台灣講「總體」，大陸講「宏觀」；台灣講「好」，大陸講「行」；台灣講「合約」，大陸講「合同」。以上所看到的兩岸用詞，幾乎是雞同鴨講，因此，在觀念、認知上，雙方必須做好溝通，才能有助於企業共識的形成。

語言在兩岸同文同種之間，都會發生這麼大的問題，因此國際企業必須要有專門人才，才能開拓海市場。以西班牙語為例，西語是當今全球人口中的第三大語言，全球目前有 4 億人口使用西語，即使在美國及歐洲，亦有超過 6 千萬人口將西語列為第二外國語，並以流利西語進行溝通及交流。《經濟學人》雜誌將西語，列為全世界最具經濟影響力之國際語文之一，商用西班牙語能力的建立，對於國際企業的重要性，不言可喻。尤其是各國積

極簽訂自由貿易協定 (Free Trade Agreement, FTA)，強化互利的趨勢下，以西語爲主的中美洲共同市場，已與美國簽訂 FTA，中美洲工、農產品零關稅輸美。對我國廠商而言，在中美洲投資設廠，將可享免配額、零關稅之優惠，提供美洲市場快速反應，與彈性供貨的需求，同時也可進發掘中南美洲國家的投資機會。

如何跨越此障礙，是國際企業管理的重要工作。譬如曾經出現的案例是，日本樂天集團在 2010 年宣佈實施「企業官方語言英語化」時，難度非常之大，甚至掀起很大的外部爭議，與內部員工反彈。在內部，英語不好的樂天員工，有的頻頻抱怨，表示自己的工作，根本不需要用到英語；外部則有某大汽車製造商社長，還曾就這個問題發言：「員工幾乎都是日本人，而且明明是在日本的公司，卻說只能用英語，眞是愚蠢！」

二、文化

文化是一個國家的居民共有的價值觀，這些價值觀塑造了國民的行爲方式，和認知世界的方式。民族文化和企業文化，哪一個對員工的影響更大？研究證實，民族文化對員工的影響，大於企業文化對員工的影響。從這個意義上說，從事國際化經營的企業，必須深入地了解東道國當地的文化，並以尊重、包容的態度，融入當地的社會文化環境中。

一般來說，亞洲企業去併購歐洲企業，或是被殖民國家的企業，去併購曾殖民該國的企業（鴻海併購夏普），阻礙都很大。例如，勤奮的亞洲企業，已習於緊湊的工作時程，但是在歐洲，每年習慣有一個月的長假、各種盃賽時期又幾乎無心工作，因此文化差異就很大。爲處理這種文化差異所帶來的生產力議題，最

好能以當地專家來領導，只要公司基本理念、目標不變，其他制度都可以彈性調整。

　　此外，另一個涉及文化的議題，就是由於每個人成長的社會文化背景不同，其語言、宗教、風俗習慣、性別角色等也不相同，這影響他們對生活與工作價值觀、領導管理方式、社會人際的互動關係、溝通與決策等，都可能存在不同的看法。這種文化上的歧異，容易導致人際之間的誤解與衝突，進而影響到組織團隊的運作，和企業的經營績效。國際企業面對人力資源多元化，所帶來「管理多元化工作力」(managing diversity workforce) 的問題，因此如何增進不同族群間的和諧相處，並能善用各族群的特性，以提升生產力或競爭力，是必須以智慧處理的。

　　文化其實是很複雜的！以泰國為例，因為它是佛教盛行的國家，所以法律中有許多保障宗教的條文。就日本而論，它是一個相當多禮的國家，因此在拜訪商界友人時，勿忘攜帶禮物，而且要守時。在國際商務活動時，與日本供應鏈或顧客，相約千萬別遲到，以免商機就此消失；再就回教國家（中東的沙烏地阿拉伯，或馬來西亞、印尼）而論，他們是不吃豬肉、不飲酒，所以至商界合作伙伴的家裡，切忌送酒！此外，回教每天有固定的禱告時間，每年則有一整個月實行齋戒，白晝禁食，日落後方可進食。至於基督教文化，在各國都很普遍，聖誕節大家也都非常習慣。但是在歐美，與基督教商界利害關係人相處時，要很清楚他們的認知，第一，人有罪根（老祖宗亞當違背上帝），也有罪行（說謊、貪婪、淫亂、恨人……）。第二，人的罪，可以因信主耶穌在十字架上的寶血救贖，而得赦免、永生與祝福。第三，有天堂、有地獄。能否進入天堂的關鍵，在於口裡承認主耶穌是我個人的救

主，心裡相信主耶穌的救贖。至於「膽怯的、不信的、可憎的、殺人的、淫亂的、行邪術的、拜偶像的，和一切說謊話的，他們的分，就在燒著硫磺的火湖裡；這是第二次的死。」所以基督徒會很積極的，向他的好朋友傳福音。

　　世界之大，語言、文化、種族之多，風俗的差異，難有規則可循！但稍一不愼，就可能引起國際企業的營運風波。各國文化的差異、人們的道德價值觀，也有所不同。但即使在一個國家內，文化就很複雜！以澳洲為例，光是大城市，就分佈不同種族的移民社區，像華人區、義大利區、希臘區、黎巴嫩區、越南區、韓國區、非洲區等。也因為文化差異極大，所以有些國際企業，雖然在當地設立分公司，但銷售卻委由產品代售公司進行。這是因為考量到當地國消費者型態及文化，希望透過專業行銷公司，以更貼近消費者的方式，將產品更有效率的行銷出去。

問題與思考

一、要從哪些方面評估東道國的政治環境？

二、區域經濟整合有哪些具體型態？

三、東道國的經濟環境，要從哪些方面去評估？

四、國際企業對於東道國的法律環境，要特別注意哪四點？

問題與思考 (參考解答)

一、要從哪些方面評估東道國的政治環境？

答 （一）政治制度；（二）政治環境穩定與否；（三）政府產業政策。

二、區域經濟整合有哪些具體型態？

答 目前依程度的差異，其主要類型為，優惠貿易俱樂部 (Preferential Trading Club)、自由貿易區 (Free-Trade Area)、關稅同盟 (Customs Union)、共同市場 (Common Market)、經濟同盟 (Economic Union)。

三、東道國的經濟環境，要從哪些方面評估？

答 經濟制度（自由經濟制度、社會主義制度、獨裁專制）；經濟發展程度（已開發國家、開發中國家）；所得與購買力（高所得國家、低所得國家）；人口總量與分佈；產業結構；基礎設施；自然稟賦與資源；國際收支；匯率變化；當地國的市場規模；外資投資狀況；主要的銷售通路等。

四、國際企業對於東道國的法律環境，要特別注意哪四點？

答 國際企業對於東道國的法律環境，要特別注意四點，第一是保護消費者的法律，第二是保護智慧財產權法律，第三是保護生態環境的法律，第四是促進競爭的法律等，這些都是規範國際企業的商務活動。

第三章　國際企業進入策略

學習目標

併購好厲害！

併購早已在國際上被廣泛應用，更成為目前國際企業，跨入新領域的關鍵。譬如，2014 年 2 月臉書以 160 億美元，併購 WhatsApp，以進軍個人通訊市場。事實上，在 2012～2013 年，蘋果公司、微軟、亞馬遜、臉書和雅虎等國際企業，就投資 130 億美元，在併購具有專利或特殊智財權的企業。中國大陸的企業，也掌握此快速發展策略，在 2012 年大陸國企對外併購金額達 397 億美元；民企併購金額 255 億美元，合計併購金額逾 652 億美元，已打破以往的歷史紀錄。連美國最大的豬肉商──「史密斯菲德肉品集團」，都在 2014 年被中國大陸所併購。顯示國際的併購，已成為國際企業發展的重要策略。

第一節　國際企業進入策略應有的思考

　　隨著國際間商業往來的藩籬降低、科技發展一日千里，企業國際化已是大勢所趨。但是進入國際市場的難度及不確定性，卻都比國內企業高。所以當公司愈走向國外，風險也相對增加。也因此在選擇國際化策略時，必須相當謹慎！

　　所謂國際進入策略 (International Market Entry) 是指，企業為了擴張其市場佔有率，移轉其產品、技術、人力資源、管理技術或其他資源，到海外特定市場時，為達到此目標所採取的方案。這些方案包含進入模式策略，及國際市場的選擇。由於國外環境比國內還要複雜，因此企業必須先分析，要先攻佔哪一個目標市場，以及該市場的特性與進入障礙。然後再分析東道國的總體環境情況，緊接著就是決定採用何種最佳方式，進入該目標市場，好讓企業國際化的發展更為順利。所以國際企業進入策略，是每個國際化企業都必須評估的。

　　國際企業進入策略，究竟有哪些關鍵要點，需要被評估的？以下分三方面說明。

一、企業自身的資源與能力

　　對我國中小企業而言，國際化最大的困境，來自於資源的有限性，以及對技術不熟悉，而不敢貿然行動。特別是在國際化初期，缺乏海外市場的知識，以及在不確定程度很高的情況下，高度的風險規避傾向，會阻止廠商進行快速的國際化。所以全球策略的動機 (Global Strategic Motivation)、廠商經濟規模的大小

(Size)、產品成熟度、廠商獨有技術 (Know-How)、跨國營運的經驗 (International Experience)、管理知識或行銷技巧 (R&D and Management Capabilities)、預期的全球綜效 (Global Synergy) 等，對於企業國際化的進程，都具有關鍵性的作用。

二、地主國環境因素

地主國政府可以透過各種方式，限制子公司的規模，影響子公司之營運內容，像是對於子公司股權的限制，或是對母公司查稅、杯葛、營運方式的限制，當地自製等規範，若有違反則重罰。譬如，1996 年 9 月李登輝總統，在台灣「經營者大會」上提出，對大陸投資「戒急用忍」的政策。此內涵包括對於赴大陸投資的產業，分爲禁止類、許可類及專案審查類，同時還有限制 5000 萬美元的上限規定，同時需在第三地成立子公司。

三、東道國環境因素

企業尚未進入海外市場之前，主要是以國內市場爲主，而國內市場的需求有限，企業若要擴大利潤的話，就要開始考慮是否拓展事業到海外市場，而企業若決定要往海外市場發展，就要思考往哪個國家發展、要用什麼樣的方式，進入海外的市場，及進入當地市場後，要採何種策略以回應當地等問題。所以企業要反覆評估，進入國際市場策略的議題，最關鍵的有四個：

（一）選擇國際市場，要考量哪些因素？

(1) 當地的潛在需求

消費水準、進口程度、原始優勢。

(2) 貿易障礙

非關稅障礙、地理距離。

(3) 市場條件

市場結構（集中或分散）、市場規模、產業成長率、市場飽和度、成本結構、競爭強度（主流市場／利基市場）、市場國際化程度、科技進展、專業化分工等，環境不確定的因素。

(4) 區域環境

經濟發展程度、租稅法規障礙、國民心靈距離、競爭程度、產業結構。

（二）何時該進入國外市場？

這是進入時機的思考。因為先進入者就可能率先建立消費者認同與忠誠度，譬如麥當勞先進入中華民國，就比後進的肯德基來的有競爭優勢；反之，肯德基先進入大陸市場，所以麥當勞如何追趕，仍處落後的態勢。此外，先進者能先與供應商、通路商，或當地利益關係者，建立關係的優勢，這對後進入者就會形成障礙。

（三）究竟該先進入哪一個國家？或那個自由貿易區的市場？

這是屬於區位選擇的評估。中國大陸的海爾集團，先選擇歐洲，作為進入國際市場的第一站。而歐洲又先選擇法國做為突破口，那是因為法國的消費者極挑剔，若能先攻占此橋頭堡後，其於歐洲的市場，相對來說比較容易，這是先難後易的戰略考量。以鴻海來說，在全球佈局時，最重視的就是地區性的經濟考量，譬如，會選擇大陸崑山，那是因當時中國政府給予各項的優惠政策，以及當地生產成本低廉，會選擇歐洲的捷克，那是配合當時

最大客戶戴爾電腦，收購其下生產部門。2014年郭台銘表示，下一個取代中國的市場是印尼。為什麼這樣選擇呢？他認為印尼人民個性溫和，並有上千萬華人，又是連結回教世界的窗口。

　　一般來說，企業在選擇區位的國家時，都會先考量是否有特殊優勢，包括：

　　(1) 有豐富的生產要素，如：勞工、土地、原料等。

　　(2) 政治、經濟、法律等環境，是穩定可預測的。

　　(3) 關係到企業營運的基礎建設，已經完備。

　　(4) 具備市場規模及消費能量。

　　(5) 文化等心理的距離，不要差距太大。

　　(6) 政府提供具體的獎勵措施，特別是稅制，以及盈餘匯出。

（四）策略

　　這是指如何進入，才是勝算最佳模式的選擇。企業在決定進行國際化時，進入策略是關鍵。因為成功的國際市場進入策略，可增加企業在全球市場的競爭優勢。一般而言，目前廠商國際化較成功的形式有，出口（可分為：直接出口與間接出口兩種）、授權、策略聯盟、合資、加盟、獨資、併購等。對廠商而言，出口的風險最小，而直接投資的風險最大。目前由於全球化的競爭壓力，許多企業為了永續經營及提升競爭力，不得不紛紛擴大市場規模，並積極從事海外直接投資。

表3-1　國際市場進入模式類型之彙總

次號	相關研究學者	國際市場進入模式類型	區隔變數
1	Buckley&Cassin [1981]	出口、授權、海外直接投資	成本轉變結構
2	Davidson [1980]	獨資、多數、均等及少數股權合資、授權	所有權、管理控制、行銷模式及生產方式
3	Anderson & Gatignon [1986]	高、中及低度控制模式（共16種類型）	市場進入者的控制程度
4	Root [1987]	出口方式、契約方式、投資方式	成本與效益
5	Kough & Singh [1988]	購併、合資、海外直接建廠	文化差異成本、風險趨避
6	Hill, Hwang & Kim [1990]	授權、合資、全資經營	控制程度、資源投入、技術擴散風險
7	Agarwal & Ramaswami [1992]	出口、合資、獨資與授權	所有權優勢、區位優勢、內部化優勢
8	Tse, Pan & Au [1997]	出口、授權、合資、全資經營	控制程度、資源投入與風險
9	Kumar & Subramaniam [1997]	出口、契約性協定、合資、購併、海外直接建廠	風險、報酬、控制程度、整合程度
10	Contractor & Kundu [1998]	完全及部分擁有、管理服務契約、特許	所有權與控制程度

　　為什麼對於進入國際市場，要如履薄冰般的慎而又慎？這是因為許多資源一旦投入之後，很難再被移轉至其他地區使用，而

且許多進入國際市場者，以我國為例，大多屬資源相對薄弱的中小企業。一旦失敗，東山再起的可能性相對較小。所以任何企業在一開始進入外國市場時，對於國際市場的進入策略，與進入時機（新興市場／既有市場）的選擇，都必須謹慎！

第二節　國際企業進入策略——出口

最簡單的進入當地國市場，莫過於貿易的出口方式（直接出口或間接出口）。譬如，台灣是世界上最重要的蘭花產地，有「蝴蝶蘭王國」的美譽，而且也是全球最大的蘭花輸出國。其中的蝴蝶蘭，我國就是用出口的方式，創造近 20 億元的外匯。

透過貿易的手段，進入新市場的策略，可以降低許多營運上的風險，並可先了解地主國商情，作為未來進入當地市場的踏腳石。多數的製造業，在進行國際化的過程中，出口經常是最早採用的途徑。以台灣總體經濟而言，要打破悶經濟，拚貿易仍是重要途徑，但要啟動貿易新引擎，則必須放棄血汗型的、低附加價值型的加工貿易，直接面對海外消費者的需求。

一、出口的類型

出口可分間接出口與直接出口，所謂直接出口是企業本身，必須設立外銷部門，來負責出口的相關事宜。要考慮的重要事務，涵蓋國外市場的選擇；外銷價格的決定；進、出口程序的管理；外國通路的管理；促銷活動的管理等。基本上，直接出口的形式，可分為兩種，一是配銷商 (distributors)，二是代理商

(agents)。前者為公司獨家配銷商,並負責販賣公司產品到當地市場。後者可為公司單一代理商或是半代理商,以代表公司的名義,再出口到當地,只抽佣金,不購買公司的產品。

間接出口所操煩的事較少,它是透過第三者(大貿易商、一般貿易公司),去服務國外的客戶。間接出口的方式,第一種是出口買方代理商 (export buying agent),由買方設在出口國的代表為代理商,進行出口的模式;第二種為中間商 (broker),成為企業跟買方市場的中間商,負責一切進口事宜;第三種是出口管理公司 (export management company/export house),專門進行出口相關業務的管理公司負責;或者由貿易商專門負責運輸、船運、保險、科技運送和顧問。

二、出口的優點

出口的優點是,沒有在地主國設廠,因此所產生的固定成本,風險相對較小。對出口廠商而言,出口主要產生的利益,有下列幾種來源:(一)藉由出口多角化將交易風險降低;(二)將產品專注在非常狹窄的市場區隔,以滿足顧客的特殊需求,可為廠商帶來立即的獲利;(三)透過出口多角化,達到規模的優勢;(四)根據組織學習及國際化進程理論的觀點,出口廠商可以將其在一國累積的知識和經驗,移轉到經濟及文化相似的海外市場;(五)出口廠商因同時面對各個國家的不同客戶需求,使得廠商對於市場的敏感度較高,因此促進與導入新產品創新的能力。出口廠商在面對海外市場的擴張時,不同國際化的程度,會產生不同的成本。譬如,當出口多角化提高時,亦分散了廠商於各個市場的管理資源,減少了支援海外經銷商相關的行銷活動,

因而降低了廠商獲利的機會，亦增加了交易成本。

三、出口的缺點

出口不是沒有缺點，它的缺點是，運輸成本高，而且會受到貿易障礙的限制，以及因買賣雙方互信度不足，應收帳款會有因買方倒閉、外匯風險、國家政治風險等，所引起的應收帳款風險等。歸納以出口為主的國際貿易，常見的六大風險：

（一）信用風險

當事人財務營業發生變化、銀行倒閉、詐騙等。

（二）商貨風險

以貨樣不符、交貨遲延、單證瑕疵等理由拒收貨物、拒付貨款或要求減價。

（三）匯兌風險

外匯移轉困難、匯率漲跌造成虧損。

（四）運送風險

貨物毀損滅失、遲到、遭竊、無單放貨等。

（五）政治風險

國家政治情勢或法令規章發生變動、外匯管制、戰爭、內亂、暴動等。

（六）產品責任風險

進出口產品對第三人，造成人身的損害。

企業究竟是否以出口作為國際化手段，要掌握的關鍵是，製造的成本。因為在國內製造的成本高，那麼就比較不適合出口，

反而比較適合到當地設廠生產。此外，當地國關稅與非關稅障礙，如果超過其他國際化手段的獲利，出口也不適當。所以是否以出口作為國際化手段，對於產品的體積重量、價值與運輸成本等，都要納入評估計算。

目前出口貿易的新革命已然發生，電子商務作為一種新的商務模式和商務理念，不僅改變了企業本身的生產、經營與管理，而且給傳統國際貿易的出口，帶來重大的影響。這主要是由於電腦網路，使得商務行銷等資訊，十分迅速的在全球流通，網路幾乎遍及世界每一角落。中小型企業透過網際網路，便可以跟全球的貿易伙伴交易，以締結強大的環球網路伙伴關係。高速的網路連繫，使得地域距離變得越來越無關重要，企業可以更容易向傳統市場以外的顧客銷售貨品，開發市場，締造商機，不再受地域上的限制。使無法負擔在海外設立辦事處及據點的中小型企業，可以將接觸面推廣至地球的每一個角落。隨時與客戶及消費者，保持緊密的聯繫，二十四小時提供最新的產品及服務資料、以保持競爭優勢。所以電子商務促進了貿易效率的提高，降低了貿易成本，簡化了交易過程。但網路貿易也會產生電子契約的法律規範問題、管轄權問題，及稅務問題等。

以大陸快速崛起的「淘寶網」為例，現在幾乎每天有逾一萬件淘寶包裹，從大陸各地運送至台灣。不僅許多消費者，透過網購撿便宜，更有商家跨海批貨，甚至部分網購業者捨台灣網站，直接到境外網站賣東西，估計全台從地攤到 1/4 網路賣家，都跟「淘寶網」批貨。我國政府也表示，目前已協助台灣供應商，透過電子商務的平台，銷售商品至大陸，同時也輔導台灣的供應商，透過「淘寶網」銷售商品，給大陸的網友。另外，當服務貿

易簽署後，台灣業者則能以較低的風險（台資比率達 55%），至中國大陸申請 ICP 經營許可證，以經營電子商務平台，這對於我國業者帶領台灣廣大的供應商，進入大陸市場、平台，在大陸的品牌知名度提升、消費者經營，及行銷推廣都有好處，因此對於台灣業者是一大利多。

第三節　契約模式

　　台灣的企業，曾經雨傘產量是世界第一，鰻魚產量是世界第一，主機板產量是世界第一，筆記型電腦產量是世界第一，球鞋、塑膠鞋、聖誕燈 …… 也都是世界第一，過往主要是以專業代工的國際合作方式，來進行企業國際化的營運。以下針對契約的模式，進入國際市場加以介紹。

一、OEM專業代工

　　OEM (Original Equipment Manufacture) 代表原始設備製造，此意指「後進廠商依據跨國公司精準的要求，來生產一最終產品」。此現象特指製造商，依照企業客戶需求，生產符合客戶要求的產品，之後，掛上企業客戶的商標品牌，由客戶自行銷售。

　　當 OEM 買主下訂單給 OEM 廠商時，OEM 廠商會先整合產品設計系統，其主要目的在於，成本分析以及原型產品的製造，以驗證其生產此產品之技術能力。其次，基於機器設備的功能，及佈置的限制，為了使生產更具效率，必須調整製造方式。在此同時 OEM 廠商也將根據 OEM 買主訂單的要求，進行製程的規

劃，以驗證其製造能力與效率。在採購方面，OEM 廠商會根據訂單以及製造時程，向零組件廠商訂購零組件。最後，OEM 廠商按照產品設計，在工廠中進行製造。製造完成後，OEM 廠商會通知 OEM 買主，到生產地點來驗收取貨。

我國原廠委託製造代工 (Original Equipment Manufacturing, OEM)，就是接受委託廠商按原廠之需求與授權，依特定的條件而生產，所有的設計圖等，都完全依照委託廠商的設計來進行製造加工。純 OEM 廠商的價值鏈活動，主要以製造、裝配為主。這種專業代工其主要優點，具有切入市場捷徑、提高市場佔有率、擴大生產規模經濟、技術提升，並學習大廠國際營運管理能力等優點。但這種模式也有若干缺點，包括業務來源不穩定、產品附加價值低、易惡性價格競爭，對於當地國的需求，以及當地消費者的反應等市場靈敏度，不免有其盲點存在，而且廠商也會疏於自創品牌與研究發展等。

以台商在海外子公司的營運為例，初期都須盡全力維持海外生產品質的穩定及如期交貨，如此才能穩住訂單。因此，海外生產的初期，台商都會不計一切代價投入品質的管理，而零件儘量由台灣或海外採購，以避免品質出狀況。等到品質穩定之後，廠商才會致力於成本的降低（因此逐漸增加本地的採購），及生產規模的擴大（因此增加投資）。這都是為了穩住訂單，提高對買主的談判籌碼，提高自己在生產網絡關係上生存與競爭的優勢。

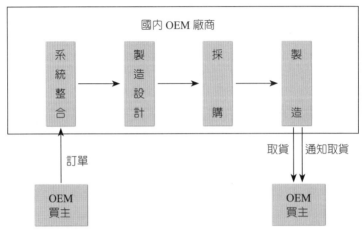

圖3-1　OEM專業代工

二、ODM專業代工

「原廠委託設計」ODM (Original Design Manufactures) 的主要特色，在於具備高效率的製造能力，以及新產品的設計能力。ODM 廠商並不涉入行銷，以及產品運送及配送等活動。故在產業價值鏈中，ODM 廠商所佔的活動，主要是新產品的設計、系統整合、製造設計、採購及製造。

為爭取國際品牌大廠 ODM 的代工訂單，ODM 的廠商必須具備高效能的產品開發速度，產品設計及生產組裝的能力，同時要能與 ODM 買主，共同議定產品規格，並據以進行產品設計，或改良工作的溝通能力。在競爭激烈環境之下，ODM 廠商要永續生存，就要持續在產品設計、製造及裝配等能力的提升。

三、EMS專業代工

OEM 、ODM 及「電子專業代工」(Electronic Manufacturing

Service，EMS) 等類型，均屬契約生產 (Contract Manufacturing，CM) 的專業代工。EMS 廠商不同於 OEM 或 ODM 廠商之處，主要在於客戶負責設計開發新產品，以及把產品賣出去，而代工廠的任務，在於拿到訂單後，馬上生產（產品均為最終產品），而且立刻透過全球的運籌管理系統 (global logistics)，送到客戶指定的地方（如通路據點，或買主的倉庫），售後服務當然也不能少。EMS 專業代工的模式，已形成銳不可擋的風潮，因為這種模式可以讓國際級大廠，專注於設計、行銷、研發等利潤較高的部分，至於利潤較低的製造組裝，則交給 EMS。

EMS 專業代工模式下，EMS 廠商必須有兩大特點：（一）製造的產品數量龐大，達到規模經濟，使得產品的平均製造成本下降；（二）EMS 廠商擁有全球多處製造據點，因此能在世界各地，提供即時、迅速、且完整的全球製造物流服務。所以具有高度製造彈性，與準時交貨的專業服務。

四、技術授權(Licensing)

技術 (Technology) 一詞，意指為達到工業或商業的目的，所應用的科學知識。技術取得的方式，基本上有五種，內部研發、合資開發、外部契約研發、技術授權、直接購買（技術買斷）。技術授權則是指在約定的期間內，授權者 (Licensor) 允許被授權者 (Licensees)，在特定範圍（時間，地區，情況）下，使用智慧財產權的使用權，也就是准許外國公司於國外市場上，使用其資產、技術、與設計等，甚至擁有修改商品的權利，以符合當地消費者需求。授權企業則依產品生產與銷售數量，向被授權企業收取權利金。至於製造、行銷與配銷的風險，則由被授權企業承擔。

授權是國際市場進入，不同模式的選擇。譬如法藍瓷為求快速進入歐洲各國市場，但又因語言、顧客偏好、市場差異都很大，所以選擇選擇授權的模式。一般來說，技術授權的優點是，不需要負擔開發新市場的成本與風險。就授權者的致命缺點是，不易控制被授權人；若被授權人做的非常成功時，企業等於喪失了這些利潤；企業的技術外洩，會使被授權人成為競爭對手。所以在簽訂技術授權契約時，著重的不應僅是權利金的多寡，而是必須參考契約的相關配套條款，及被授權人接受技術的目的，及企業日後發展的企圖心。如果被授權者的企圖心極強，即使權利金再高，也應在契約上言明清楚。不過授權子公司的情形又不同，以自行車的巨大集團為例，奉行「Global Support、Local Success」策略，總部為各地分公司的後盾，提供技術支援，授權當地去發揮。因此雖然互為母子公司，實質上更像是伙伴。

　　就被授權者的角度而言，目前許多國內企業，為急於得到所需技術，並不重視授權人所提出的技術授權契條款的內容，只要認定權利金「價錢合理」之後，即草草簽約。有時在建廠資金已大量投入後，才發現必須再付出高額的費用，購買特殊零組件或原材料，或是在產銷進入佳境，準備進行下一步的擴展時，才發現依契約的規定，而使自己完全淪為授權人的代工廠，毫無自主權可言，如果再回頭要和授權人談新的條款時，可能又要付出鉅額的天價，以換取修改契約的機會，此時悔不當初，為時已晚！

五、品牌授權

　　品牌授權起源於歐美，日本、韓國的品牌授權，也已開始蓬勃發展。品牌授權又稱品牌許可，是指授權者（版權商或代理

商）將自己所擁有，或代理的品牌、角色、圖像、造形及商標圖案等，以契約的形式，授予被授權者使用；被授權者按契約規定，從事經營活動（通常是生產、銷售某種產品，或者提供某種服務），並向授權者支付相應的費用——權利金。以品牌擁有者的角度而言，由於國際市場競爭激烈，擁有國際知名品牌的企業，為了快速滲透市場、降低行銷費用，並獲得通路上的談判力，往往利用品牌授權的方式，將知名品牌授權給他國製造商。國際上常見的，如迪士尼卡通人物、凱蒂貓 (Hello Kitty)、鱷魚 (Lacoste)、企鵝 (Munsingwear)、P(Pierre Cardin)、YSL(Yves Saint Laurent)、CD(Christian Dior)，這些授權商品的種類繁多，包括玩具、文具、童裝、流行服飾、皮件、香水、鞋子、手錶、玩具、文具、服飾，或其他日用百貨上。我國的天仁茶葉，旗下喫茶趣授權日商，在日本發展；鬍鬚張也是透過授權，在日本開店。因此，品牌授權已被視為二十一世紀最有效的商業模式，它使經營品牌進軍國際之路，不再遙不可及！

　　對於跨國品牌企業而言，受限於本身的能力，或當地法令不准直接投資或合資企業。在此情況下，品牌授權常成為跨國經營的替代方案。當日本汽車公司因本地法令的限制，不能直接來台灣設廠時，日產和本田則分別授權，裕隆和三陽兩家本土企業，在台灣代為裝配汽車。可口可樂和百事可樂早期的國際擴充，亦以品牌授權為進軍國外市場的主要手段。但是在品牌授權的過程中，尤其是具知名度的大品牌，都會有很多廠商會來爭取授權。如果過度的授權，就很容易碰到不良的合作伙伴，且授權產品會有重疊現象，就可能稀釋品牌價值，嚴重者就砸了招牌！

　　至於付出權利金，取得品牌授權的廠商，無非是希望藉由授

權，來取得授權者所提供的品牌附加價值，如授權品牌的品牌權益、授權者所提供的各種品牌支援活動，以及授權者本身品牌經營經驗的傳承，如此則能以迅速、低成本的方式，達到進入市場或新市場區隔的目的。

六、整廠輸出

整廠輸出 (Package Plant Export) 又稱爲 Whole Factory Export，無論是以「輸出工廠整體設備」的整廠輸出貿易，或是以整合產品、經驗、知識，設備的運轉、維護、操作，以及有關各種專門技術 (Know How) 的移轉提供，技術全方位解決方案 (Total Solution) 的服務，都是屬於整廠輸出。

此方式大多是同意協助國外處理建廠，包含訓練操作人員，也就是代理商負責整個工廠的關鍵事務，及整體的操作，此方法就如同技術出口，找到其他的國家。整廠輸出的優點是，比外商直接投資的風險小，同時也可對即將要淘汰的機器出售獲利。另一項整廠輸出的優點是，不容易被模仿！因爲如果只是單純的研發創新，讓後進的模仿者無法跟上，但畢竟研發創新到頭來，一定還是會有極限。可是整廠輸出不只機器，還有整合，因此提高了模仿難度，永續生存的機會就升高。像台灣有一間叫三星五金的公司，他將機器賣去大陸，單獨將機器賣出去，馬上就被拆解模仿。因爲中國人的製造能力很強，也最會模仿。三星五金就採取整廠輸出，裡面包括生產流程，而且過程中技術密集度很高，所以被國外複製的機會就不高。此外，透過子公司的建置的「整廠輸出」，則能很快複製母公司的優勢，以占領當地市場。譬如，以我國基亞生技公司轉投資的基亞疫苗爲例，該公司就期望在

2015年，到東南亞國家建置疫苗廠，啓動技術性的「整廠輸出」，把疫苗市場的餅做大。

　　基本上，整廠輸出（整場輸出、整案輸出）的貿易案，究竟能否成功，契約是相當重要的關鍵。不只因爲契約爲具法律效力，是明定雙方責任義務，與保障雙方權益最重要的依據，更由於整廠輸出（整場輸出、整案輸出）貿易，高於一般交易的特殊風險，而使整廠輸出（整場輸出、整案輸出）契約，成爲其交易風險控管，最重要的把關門檻。譬如，在涉及「智慧財產」議題之「整廠輸出」合作專案，合作當事人間最常見的爭執，即在於合作過程中，所產生的「終端產品」及與「終端產品」相關「智慧財產」歸屬的爭議。一般來說，「終端產品」及與「終端產品」相關「智慧財產」歸屬的爭議，可以在合作契約中加以解決，也就是依照合作性質，將「終端產品」與「智慧財產」歸屬加以切割，以利後續之合作。

　　對於輸出技術的企業而言，由於並沒有掌握接受輸出企業公司的股權，因而往往只能獲得短期效益。更令人憂心的是，廠商接受整廠輸出，將來就有可能成爲競爭對手。同時，整廠輸出（整場輸出、整案輸出）的貿易，還具有兩項特殊的風險，一是交易項目複雜，二是交易時間較長。

　　新整廠的輸出（整場輸出、整案輸出）概念，對於具有優異生產技術的台灣企業，具有一定的優勢。一方面是因目前人力、原料等成本提高，同時又面臨加劇的競爭環境，若是中小企業能夠將生產、管理知識及相關經驗統整、包裝起來，將其設備與技術一同作爲「商品」，以「整廠輸出」模式推銷至全球市場，轉換既有的商業模式，形成新的利潤來源，便能開創新的發展機會。

七、加盟

　　趨勢大師約翰奈思比（John Naisbitt）指出，「放眼未來，由於連鎖加盟店的不斷增加與擴充，將改變社會型態，並朝向以服務業為主的經濟社會，而消費者的消費將傾向便利與品質兩個重點。」所以透過加盟進入國際市場，是新的趨勢。

（一）加盟的方式

　　品牌企業授予加盟者，一套成熟的 Know-How 及商標使用權，以開設連鎖店、專賣店等形式進軍當地市場；品牌企業者既易取得加盟金，又可快速進入市場，取得擴大市場版圖，及品牌知名度的優勢。就連鎖加盟總部而言，保留住現有加盟主，並與加盟主發展良好關係，是加盟總部現今最主要的經營策略。

（二）選擇加盟的關鍵因素

　　選擇加盟的關鍵因素，基本上有 20 項，財務健全；相似企業規模；互補性技能；願意分享專業；相容的策略目標；涉入等量程度風險；相容的管理風格；資源互補性；相容的組織文化；相容性動機；當事人事的品質；管理技能；體系良好記錄；有多角化的網絡；進入新市場的能力；吸收能力；國際專業行銷能力；技術能力；人力資源能力；國外市場力量。

（三）加盟伙伴對象選擇

　　以國際連鎖企業來台的進入模式為例，基本上有三種方式：

　　(1) 區域授權

　　7-11、全家便利商店、摩斯漢堡、漢堡王、OK 便利商店、KOHIKAN 等。

(2) 直接投資

麥當勞、肯德基、屈臣氏、佐丹奴等。

(3) 合資經營

STARBUCKS、B&Q特力屋等。

目前服務業的跨國公司,幾乎都以加盟連鎖的方式,在國際市場收割其品牌投資的成果。由於旅館、速食餐廳,和便利商店等行業的經營,均需大量或大規模的營業據點。對多數跨國企業而言,在他國取得營業用的不動產並不容易。因此,擁有知名品牌的服務業廠商,通常無法以直接投資,來進行國際的擴充。此時,加盟連鎖乃成為最佳的替代方案,尤其在全球經濟不景氣、失業率攀高的時代,選擇做新加盟主,複製成功品牌,也是一種不錯的選擇。

第四節　間接投資 (portfolio investment)

間接投資又稱「財務性股權投資」或稱「組合投資」,譬如購買國外股票、債券,以及少數股權的合資等。也就是將資金投資於,地主國的資本市場或企業,純粹為了獲取資本的合理報酬。儘管如此,間接投資仍然具有高度不確定的風險性特性。首先,是跨國界因素帶來政治風險、匯率風險和高代理成本等。其次,間接投資的委託關係,常可能產生資訊不對稱,這在企業運營中,容易引起道德風險的問題。最後是退出的障礙,與不確定性。

間接投資進入國際市場的模式,分為三大類。

一、取得外國公司的少數股份

　　譬如，2014 年大陸東風汽車集團同意支付 8 億歐元（11 億美元），而持有標緻雪鐵龍 14% 的股權。在透過參股與這家 118 年製造車廠合作下，標緻與東風將在大陸建立研發中心，東風汽車總經理朱福壽說：「表面上看起來是一種資本入股，但實際上，裡面從研發到製造、到行銷、到採購、到平台供應，它是一個全方位的合作關係。」因此，取得其他國際企業的股權，不但為東風汽車取得技術，而且更為跨入外國市場而鋪路。

二、合資(Joint venture)

　　這種進入方式是指品牌企業，和另一家以上的獨立公司，所共同創立的新企業。與當地品牌企業合資，不僅易於深入在地市場，打入其他國際競爭者所無法進入的本地化圈圈，同時也能與客戶的關係更為緊密。譬如，王品集團在 2014 年（自己定位為國際化元年），與新加坡莆田集團合資 5,000 萬元成立「新加坡舒果」，王品持有 30% 股份。王品預計在新加坡展店將以一年兩家速度，目標 2018 年達八家餐廳，首家餐廳預計 5 月開幕。王品強調集團資源有限，若想要在全球遍地開花，一定採用合資或品牌授權模式。如果是合資的方式，將由對方掌握主導權，因此王品持股不會超過 50%，藉重合作增加對當地文化了解，提高跨國展店成功機率。

三、委托間接投資

　　境外投資者在本國註冊投資基金，而委托東道國投資機構管理。這種間接投資模式的目的，一是充分利用東道國投資機構的

優勢，發掘該國有潛力的創業企業。二是充分利用本國的資本市場，實現投資進出的彈性。通常是投資者資本規模較小，或者投資經驗較少時，採用這種方式；另外，有些專項創業投資基金的主要業務在東道國，而本國的資本退出便利，這種情況下，委託間接投資的優勢，就充分展現出來了。

第五節　直接投資的相關理論

台灣，是個高度依賴外貿的小型開放經濟體，在 1980 年代晚期，隨著環境保護主義抬頭、勞動成本和土地成本上漲、匯率的激烈波動等，使得許多以勞動密集爲主的廠商，紛紛移往海外設廠。這樣的現象，也曾出現美國、日本等國家。目前企業的全球化佈局，已成爲普遍的現象與趨勢。任何廠商不再只是考慮國內的經濟條件，更需要考慮國際經濟的環境與發展機會。針對國際直接投資的理論研究，主要有以下六種相關理論：

一、國際水平分工理論(Global Horizon Theory)

此理論認爲一個國家對產業的選擇與發展，必須依照比較利益原則進行，當產業在國內不具比較利益時，該產業會將工廠移往成本較低的落後國家發展。另一方面，落後國家爲了發展工業，採行進口替代策略，勢必要引進外資及外來企業，在雙方互利的情況下，展開國際水平分工，此理論強調，這是企業爲了維持永續發展的重要方法。

二、產業組織理論(Industrial Organization Theory)

　　為廠商擁有一種專屬優勢，當這種專屬優勢無法經由貿易行為來發揮其效益時，廠商會藉由直接對外投資的方式，來運用這些無形資產，以達到增加企業利潤的目的。雖然海外投資的風險很高，但是因為可以得到更高的利潤，因此願意進行對外直接投資。

三、經營成長理論(Business Growth Theory)

　　一個國家的內需市場是有限的，企業集團為了追求不斷的成長目標，及擴大產銷規模，不得不向海外市場拓展，以達成其永續經營的目的。

四、產品生命週期理論(Product Life Cycle Theory)

　　Vernon 將產品的生命週期，分為創新期 (innovative stage)、成長期 (growth stage) 與成熟期 (matured stage) 三階段。新產品的創造，往往需要較先進的科學技術，且新產品剛被發明時，其製造過程尚少為人所知，再加上產品的樣式與功能尚未定型，生產往往需要較高的成本。因此，新產品的價格，只有高所得消費群才能負擔，也由於只有先進國家同時擁有較優越的技術，與高所得消費群，所以新產品的創新期往往發生於先進國家。隨著產品的樣式與功能，逐漸定型，而該產品也廣為國內與國外高所得國家的市場所接受時，其生產技術也開始外溢到其他具有相當技術的先進國家，生產該產品的國內企業，便會開始在這些先進國家建立生產據點，並進行大量生產，來因應當地急速增加的需求。所以成長期的產品，往往在其他先進國家中大量生產，開始需

要非技術性人力。當產品進入標準化生產，技術也已經普及到大部分的國家時，廠商為了因應市場激烈的價格競爭，便會將生產據點擴散到其他低工資的國家，所以成熟期的產品，往往會在低工資成本的國家中進行，此時生產成本成為獲利最重要的因素，而此階段的產品，通常是以勞力密集生產為主。故對外投資的發生，是廠商為了因應產品循環的不同歷程，導致最適生產地點的改變。

五、內部化理論(Internalization Theory)

內部化理論由減少交易成本的觀點，來解釋對外直接投資。有鑑於技術移轉、進出口、代理銷售或授權等方式，來移轉企業本身的特有資產時，往往因為資訊不足，或買賣雙方為數甚少，因而造成市場不完全的缺失現象。所以廠商藉由建立跨國體系，將生產與資源分配的決策權保留於自己的體系內，將市場種種缺失，而有可能影響廠商者，透過直接投資的垂直化整合，降低外部市場缺失的可能影響。

六、折衷理論(Eclectic Theory)

折衷理論認為，當投資主體具備了企業優勢（資本優勢和管理優勢）、內部化優勢（內部交易優勢）和投資區位優勢時，就會導致國際直接投資行為。

第六節　直接投資的形式

　　國際直接投資的進入模式，指的是投資方的資本、技術、管理技能等生產要素，進入他國市場的途徑，以及相關的法律制度安排。其目的是以影響，甚至掌控對方營運活動爲目的。OECD(Organization for Economic Co-operation and Development)對直接對外投資，有其專有的定義，「廠商在居住國之外的經濟體，有長期的投資行爲時，稱爲直接對外投資。」一般來說，對外直接投資 (Foreign Direct Investment)，就是在國外建立分公司或子公司，以直接掌控其經營的類型。

　　目前參與全球市場最廣泛的形式是，擁有 100% 的公司所有權。然而，受到很多國家政府的管制，可能使得國外公司無法獲得大部分或者 100% 的企業所有權。有時也因爲當地合夥人深知當地市場、配銷系統，以及應如何取得低成本勞力或原料的通路，因而與國外合夥人結盟，取得科技、製造和加工應用方面的專業技術；缺乏資本的公司，也可尋找合夥人，共同資助投資計畫。

　　海外直接投資的優點有，易於控制與管理核心資源，獨享專屬的利潤，避免貿易障礙，提升企業的商標形象，節省大筆的運輸成本，更接近市場。至於在缺點的方面，則是在相對風險較高的外國環境中，費用和成本較高，併購現存企業可能有潛在的陷阱，文化差異造成管理上的困難，人員調派與管理上的困擾。同時也會對地主國，產生產業空洞化的疑慮與衝擊。

　　直接投資最常見的形式，主要有以下三種形式。

一、獨資子公司(Wholly owned subsidiary)

指的是國際企業對當地子公司，擁有百分之百的股權。以獨資經營形式，進入當地國市場，可更直接接近目標顧客、完全控制經營管理、獨享營運利潤，絕不會有溝通協調的問題，對於營業祕密方式，也能有效保護其技術。但是獨資必須承擔高度風險，這些風險涵蓋了外匯管制、匯兌風險、政治風險、易觸犯地主國的法律規定、當地資源與技術、資本市場取得資金不易等問題。

獨資子公司模式能讓企業對子公司，具有完全的掌控力，因此亦最能確保企業的核心能力，可以移轉至子公司，而獨資子公司模式又包括，新設子公司與國際購併。

以巨大全球佈局的為例，該公司堅持每家海外子公司，百分之百都要獨資。原因就在於可以貫徹集團理念。雖然從無到有，一點一滴建立，是非常的辛苦，但可避免日後發展到某關鍵轉折時，發生股東理念不合的問題。

二、購併

跨國「併購」是企業進入海外市場，最快的方式。目前就國際「併購」策略的種類，約略可分為六大類：

（一）垂直整合型

「併購」對象間，有潛在的供應與消費關係。

（二）科技連鎖型

「併購」對象在科技的發展與運用，有高度相關性或互補性。

（三）產品線延伸型

「併購」對象各自產銷不同的產品，給類似的客戶群使用。

（四）水平整合型

「併購」對象雙方產銷同類商品，且其主要目標市場亦類似。

（五）市場延伸型

「併購」雙方生產同類商品，但其目標地區不同。

（六）多角化型

「併購」雙方之產品與市場互不關聯。

透過併購品牌及通路，來拓展國際市場，既可縮短自行摸索時間，又能快速壯大規模、整合資源、換取在市場上更有利的位置。

歸納併購的優點，主要有四項：（一）能快速進入當地市場；（二）能快速擴大市場佔有率；（三）能取得專業人才的協助；（四）合併互補性資源。國際購併活動比起新設子公司，雖然能快速進入市場，但也具有高度的複雜性，尤其又涉及到跨文化管理的問題，因此，國家文化的差異，也是必須考慮的重要議題。所以購併雖是一條捷徑，但隨著時間推移，管理成熟度將備受考驗，而且也有一定程度的風險，不一定都會對品牌企業有利！例如，明基在購併德國的西門子手機部門時，曾期望藉由 Siemens 的知名度，以 BenQ-Siemens 聯合品牌的方式，來「挾帶」BenQ 的品牌，結果反而賠了三百多億。以宏碁為例，過去在進軍美國市場時，曾花了 50 萬美金在加州洛杉磯買了一間服務公司，最後卻以虧損 2 千萬美金收場；宏碁當時併購了許多美國公司（例如美國迷你電腦公司高圖斯），效益都不如想像中大，致使宏碁

曾想退出美國市場。

「併購」成敗的最後關鍵，還是在於「文化」，也就是管理的方法。購併若要成功，在「併購」完成後，第一階段就是要進行制度、產品的整合，第二階段是建立互賴，互賴的建立，則可須透過制度的整合、人員互訪，以建立對文化的認同，使「併購」的成功率提高。

三、「群體移棲」

小企業在進行全球化活動時，所受到財務或人力資源上的限制較多。生產網路內廠商的國際化，往往成為帶動台灣中小企業國際化重要的因素。台商在國際市場的競爭優勢，主要來自中小企業專業分工、彈性互補的靈活特性，以及從而所構成的特殊「網路關係」；藉由產業網路結合技術與資本，可以快速回應市場需求。廠商基於風險極小化考量，為克服地主國市場特性、風俗習慣差異，及決策不確定性等不利因素，其海外投資的模式，往往以相對風險性較低，延伸網路或群體移棲的方式進行。

以我國中小企業的國際化來說，由於行政、財務、管理、市場分析、顧客的選擇、促銷等方面，大都需要支援。因此，在一個產業網路中，通常有一大廠居於領導地位，協助所有相關供應鏈的廠商。譬如，中華汽車於 1995 赴大陸投資設廠成，為了解決汽車關零組件問題，乃號召零組件廠集體赴大陸投資設廠，並建立汽車中衛體系。

表3-2　不同國際化生產網路之台商差異比較

國際化生產網路 發展模式 項　目	群體移棲	隻身拓荒	延伸網路	重構關係
地區風險認知	中	低	高	中
區位相對熟悉度	高	高	低	較高
市場成長性及胃納量	大	小	大	小
市場進入門檻與競爭強度	高	低	高	中
國際化策略佈局動機強度	弱	普通	強	普通
國際化經驗及海外涉入程度	少	多	較多	較多
廠商規模	小	較大	大	大
生產產品之技術變動程度	大	小	大	普通
生產產品模組化程度	大	小	較大	中
生產產品製程標準化程度	低	高	中	較高
廠商與網路成員間產銷基地距離	近	較遠	中	較遠
廠商與網路成員間合作穩定度	高	低	普通	低
廠商與網路成員間統治程度	傾向正式	傾向非正式	傾向非正式	普通
廠商與原網路成員對合作任務重視程度	重視	較不重視	普通	較不重視
廠商與原網路成員的認同程度	高	低	普通	低
廠商與原網路成員間資本結構持股程度	高	低	高	低
廠商與原網路成員依賴程度	高	最低	最高	低

資料來源：水研究整理。

第七節　策略聯盟

　　策略聯盟是指兩個或兩個以上的企業，為了某種特殊的策略目的，而在生產、銷售、研究等技術、以及產品、人員、財務上，相互提供或交換資源，結合彼此的優勢，以降低成本、分散風險、取得關鍵資源，提高競爭地位的好處，以促進聯盟成員提升其競爭優勢。

　　在國際化的歷程中，充滿著許多的危機與不確定性，因此許多企業便嘗試透過策略聯盟的方式，逐步地跨入全球競爭的市場中。譬如，早期在兩岸經貿往來尚未普遍開放時，即有廠商與東南亞華商共同進入大陸市場。如今大陸與日本因釣魚台而嚴重衝突，以及安倍參拜靖國神社，企圖修改憲法擴軍，所以日本企業要進軍大陸，攜手中華民國的企業，常是其首選。這樣的合作關係，就是策略聯盟的一種。

一、國際策略聯盟的特性

　　策略聯盟的特性是，讓雙方的實力因聯盟而更強大。譬如，有些在商品設計上結盟，讓商品更具吸引力；有些在通路中合作，開創一片新天地；有些在宣傳上攜手，創造聲勢，擴大傳播的聲量。譬如，2014 年宏達電與福斯 (Volkswagen) 汽車合作，除可透過藍牙及觸控，用語音及車上按鍵控制手機，執行通話或聽手機上的音樂等功能。另外像出版兒童讀物的國際出版社 DK，透過麥當勞創造 4 個角色的故事，出版實體書及電子書，分別在 McPlay、麥當勞快樂兒童餐 App、HappyMeal.com，和西班牙

的 MeEncanta.com，免費提供，每個月更新內容。對 DK 來說，快樂兒童餐就是新的通路，這項合作讓兒童書籍有新的策略佈局，同時能接觸新客群。對麥當勞來說，能教育兒童更多的營養知識，也提升品牌的形象。

　　策略聯盟大多具有四大特性：（一）策略聯盟係屬一高層次之企業策略，其涵蓋範圍可能橫跨數個企業及其功能；（二）策略聯盟所進行的時間不定，但一般而言，均偏向中長期的聯盟關係，其所產生的效益才能充分顯現；（三）企業採取策略聯盟的目的，在於突破現有經營困境，或藉由其聯盟成員進行資源整合，以增加獲利及強化其競爭力；（四）企業間進行策略聯盟，並無一定的區域、時間或家數的限制，若各聯盟成員能持續相互獲利，即可維持聯盟型態。

二、國際策略聯盟的類型

　　依特性可分為研發聯盟、生產聯盟、行銷聯盟、市場延伸、多角化、混合式聯盟、互補式聯盟、強化型聯盟。基本上，這些類型的策略聯盟，可歸類為「水平合作」與「垂直合作」兩種方式。就水平合作而言，聯盟雙方產銷同類型的產品，甚至海外市場也相同。但為了擴大潛在市場的開發，或是消除共同的競爭對手，與降低進入市場的障礙等，而採用策略聯盟的方式，來進行企業間對等的合作。垂直合作的策略聯盟，企業彼此之間，具有供應與消費（採購）的經濟性關係。這一類型的策略聯盟還可以分，向前整合與向後整合。其原因可能是為了尋求生產上的，或者是面臨運輸、配銷的成本考量等，而必須向外尋求較低廉的生產資源、生產基地與代工合作廠商，來做為產業合作的整合。

三、國際策略聯盟的成功關鍵

策略盟本身乃屬於既合作又競爭的組合體,原本不相關的企業,甚或相互競爭的敵對情況下,要能攜手合作,極容易造成參與人員間對於企業目標與聯盟目標間的相衝突。故聯盟協調溝通的良窳,攸關聯盟績效與成敗。

四、國際策略聯盟的評量指標

策略聯盟績效評量指標,常見的有獲利能力、公司轉化品質、公司利害關係人的滿意度,聯盟運作的滿意度、聯盟的存活率、聯盟的穩定性、聯盟存續時間。

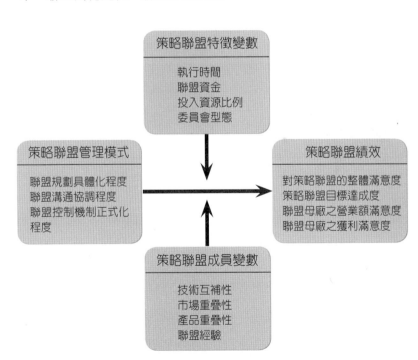

圖3-2 策略聯盟評量指標圖

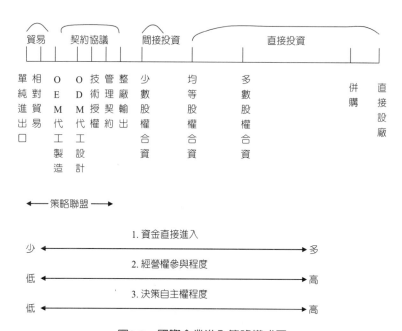

圖3-3　國際企業進入策略模式圖

問題與思考

一、國際企業進入策略，究竟有哪些關鍵要點，需要被評估
　　的？

二、選擇國際市場，要考量哪些關鍵因素？

三、目前企業國際化較成功的形式有哪些？

四、國際企業取得技術的方式，有哪些重要策略？

問題與思考 (參考解答)

一、國際企業進入策略，究竟有哪些關鍵要點，需要被評估的？

答 （一）企業自身的資源與能力；（二）地主國環境因素；（三）東道國環境因素；（四）策略。

二、選擇國際市場，要考量哪些關鍵因素？

答 （一）當地的潛在需求：消費水準、進口程度、原始優勢；（二）貿易障礙：非關稅障礙、地理距離；（三）市場條件：市場結構（集中或分散）、市場規模、產業成長率、市場飽和度、成本結構、競爭強度（主流市場／利基市場）、市場國際化程度、科技進展、專業化分工等，環境不確定的因素；（四）區域環境：經濟發展程度、租稅法規障礙、國民心靈距離、競爭程度、產業結構。

三、目前企業國際化較成功的形式有哪些？

答 出口（可分為：直接出口與間接出口兩種）、授權、策略聯盟、合資、加盟、獨資、併購等。

四、國際企業取得技術的方式，有哪些重要策略？

答 基本上有五種，內部研發、合資開發、外部契約研發、技術授權、直接購買（技術買斷）。

Date _____ / _____ / _____

第四章　國際企業生產管理

學習目標

一、全球訂單處理系統

二、國際企業生產管理的重要內涵

三、國際企業生產區位的選擇

四、自製與外包

五、國際物流的挑戰與障礙

六、全球供應鏈管理

生產環境影響生產體系的存續

　　繼通用 (GENERAL MOTORS) 和福特 (Ford) 兩個美國汽車大廠之後，全世界排名第一的汽車生產公司豐田，也是在澳洲生產汽車有 50 年的歷史，竟宣佈在 2017 年底之前，將停止在澳洲生產汽車。這個決定將直接影響當地 2 千 5 百名員工的生計。澳洲汽車產業從零件、工具，到設計與工程，大約 150 家廠商，直接僱員 4 萬 5 千人。為什麼一家接一家的企業，都要離開澳洲呢？澳洲到底出了什麼問題，讓汽車生產的體系，都無法存續呢？

　　其實最主要的原因是，近幾年澳元不斷升值、工資高漲，因而導致汽車產業的績效惡化，甚至連有 50 年歷史的豐田，也決定撤出澳洲。由此可見，生產環境的變化，會影響整體生產體系的存續。

第一節　國際企業生產管理

　　降低成本與提高品質，是國際企業能否生存的重要關鍵，所以誰是國際激烈競爭中的贏家？誰是未來的苟延殘喘者？就在於有沒有發展，國際企業生產管理的能力。以做鳳梨酥聞名的<u>微熱山丘</u>來說，堅持海外商品的原料與製程，都要在台灣製造，至於包材與包裝，則是在日本生產，然後運至台灣分裝後，再空運鳳梨酥回日。另以服飾為例，衣服的布料，可能來自<u>土耳其</u>，然後在<u>印度</u>染色，並配上來自<u>日本</u>的拉鍊，最後在<u>越南</u>製造，並打上<u>義大利</u>的品牌，再送往全球各大都市銷售。這意謂著一個產品，從研發、設計、製造，以至於送到最終顧客手上的過程中，包含了市場調查、產品設計、製造過程、生產規劃、生產管理、品質管理、工廠佈置、公司組織、行銷管理、資金管理、產品服務等。換言之，國際企業生產管理必須從原料供應，到研發設計、創新，以及供應商及通路，都要進行全面性的管理。所以，國際企業的生產管理，涵蓋面極為廣闊。

　　在國際企業的生產管理，與國內企業的生產管理不同，這主要是因為國際企業必須考量的面向更多、更廣。同時國際製造管理的工作，也因產品的性質，投資規模的大小，而有所差異。如製造一個玩具或零件的公司，與製造汽車、或智慧型手機的公司，其管理工作的複雜性，將有很大的差異。但無論哪一類型的國際化生產管理，都與供應鏈的管理密不可分。它主要涵蓋全球生產管理的決策，全球訂單處理，全球物料處理，全球倉儲，全球存貨，全球運輸等。國際企業應從整個系統的角度來進行整體

的思考，才能獲得系統的最佳化，而不應單由國際企業、供應商、中間商，或是顧客的個別的運作，單獨地去追求個別最佳化。

以豐田式生產管理 (Toyota Production System；TPS) 為例，該企業運用看板式管理，選擇少數優良的供應商，和這些供應商維持深入緊密的關係，並且盡量壓低庫存及時運送 (just-in-time)，以降低成本，追求企業經營的最高效率。豐田多年來和衛星工廠，已經培養了這種合作默契和能力，而且這些衛星工廠彼此間，也發展出共享資訊和知識，定期互相交換員工，並時常面對面溝通，這些做法都強化了各企業相互學習，鼓勵團隊合作，在科技應用、管理，以及遊戲規則方面，也都有了共同的語言。反觀一些失敗的案例，就是因為彼此間的猜疑與不信任，產生供需不協調，導致上游供應商，對下游需求過度樂觀的「月暈效應」，抑或上游供應商對產業前景的戒慎恐懼，與需求的錯誤預測，導致供不應求的情形。但也可能因溝通不足，導致上游庫存嚴重積壓，與資金周轉失序，因而瓦解整體成員產銷聯盟的合作關係。

此外，「豐田生產系統」強調小批量生產，原、材料及時供應和零庫存，以追求高生產力，同時消除任何可能出現的浪費。這裡所謂的浪費，就是指任何超過生產所需的基本設備、材料、零件及人工的任何東西，都屬於浪費。這些可能產生浪費的面向有，製造時浪費過多的原物料；待工待料的浪費；搬運的浪費；庫存的浪費；加工本身的浪費；動作的浪費；製造不合格品的浪費。

國際企業生產管理，主要涵蓋品質管理系統、全球訂單處理系統、全球物料處理系統、全球倉儲系統、全球庫存系統及全球

運送系統。以下針對這些主要項目，加以逐項說明。

一、品質管理系統

品質是國際企業生產管理，最基本的要求。在跨文化和跨經濟體所進行的產品開發、生產組裝，如何做好品質管理，是不可疏忽的大事。譬如，日本零食大廠 Calbee 因為在生產過程中，可能摻入碎玻璃，所以在2012年11月21日宣佈，將回收名為「堅燒洋芋片」的9種包裝、534萬5000包洋芋片商品。又如2012年底豐田同意支付近11億美元賠償金，就美國大規模召修事件，與受害車主達成和解。此舉重挫國際企業的形象，對財務傷害極大！

二、全球訂單處理系統

全球訂單處理系統包括收到訂單，到商品出門之間的所有活動。整個訂單週程可分割為四個階段，訂單傳遞 (order transmittal)、訂單處理 (order processing)、訂單揀取及組裝 (order picking and assembly) 以及訂單投遞 (order deliver) 等。譬如在訂單處理階段，在接獲客戶訂貨時，電腦即可自動顯示該客戶的信用額度、應收帳款、欠款狀況，以防範接單可能出現的問題。遇到異常時，電腦會自動鎖住出貨系統，使該筆訂貨必須經由特殊簽核流程，始可出貨。換言之，當一個訂單進入系統後，一直到貨物送出和發票開出前，國際企業必須不斷掌握商品與資訊的流動。

三、全球物料處理系統

物料處理要及時、要有效率，這就需要全球物料處理系統。

全球物料處理包括倉儲，和發貨中心的貨物接收；貨品的辨別、歸類和標示；配送貨物到暫時的儲存地點；以及出貨商品的篩選和挑揀。

物料管理是要以最經濟的成本，獲得適時、適量、適質的物料資源。其最終目的是，達到最小最有效的存貨，及最低的成本。至於物料需求規劃 (MRP) 則是一種以電腦為基礎，資訊系統的設計，用來處理存貨（如原料、零組件）的訂購與日程安排，並用前置時間資料倒推來決定，何時訂購與訂購多少？因此訂購、製造，與裝配日期可以安排，使最終項目準時完成，而保持最低存量水準。在製造管理中，常見呆滯料發生，造成資金積壓，庫存空間被侵佔，盤點工作負荷增加，實為製造業頭痛而難解的問題。所以要事先提升物料需求規劃的技巧能力，提升製造系統的效與物料管理手法，降低原物料庫存、避免資金積壓，庫存空間被侵佔，以防止呆滯料的產生。

四、全球倉儲系統

倉庫是實際的作業場所，管理作業是否做的確實，攸關整個物流的成敗。過去有效的倉儲，就只是進貨、儲存以及出貨而已。但在今日企業環境中，電子商務、供應鏈整合、全球化、及時生產概念的盛行，倉儲已經變得比以前還要複雜，也耗費更多的成本。全球倉儲系統必須決定倉庫的數量、倉庫的地點，以及倉庫的類型。

倉儲系統必須同時進行倉儲作業剖析，及倉儲績效的衡量。就倉儲作業剖析來說，必須經常確認物流及資訊流動中產生問題的根本原因，並找出流程中可能的改善機會。至於衡量倉儲績

效，則須建立各種衡量、監控的指標，以及績效標竿與各式報表的建立。

五、全球庫存系統

全球庫存系統是為了發展，和維持適當的存貨組合和數量，以滿足顧客需求的系統。其目標是在符合顧客的需求下，來追求一個最低的存貨水準。至於及時存貨管理系統 (just-in-time inventory management, JIT)，則是透過這類系統，以重新設計並簡化製造流程。日本最大的豐田汽車，全球各地投資設廠，已發展出「零庫存」的策略。所謂的零庫存，是指物料（包括原材料、半成品和產成品等）在採購、生產、銷售、配送等一個，或幾個經營環節中，不以倉庫存儲的形式存在，而均是處於周轉的狀態。

庫存管理的核心是「存」，它關係到國際企業的興衰與獲利，特別是出現旺季銷售缺貨，淡季卻大幅積壓。庫存不足使企業失去最佳的營利時機，降低企業的市場佔有率，進而流失大量客戶資源，直接影響國際企業的快速發展。反之，庫存過剩則會佔用過多資金和資源，而不利於國際企業資金的運用，嚴重者甚至有破產的可能。譬如，價值隨匯率不斷的變動，若以產品以產地匯率計價，那麼產品在儲存地的價格，就會隨著匯率波動。一旦波動，再加上庫存可能過時或損耗所造成的成本，這些對國際企業都是壓力。所以建立一套完善的存貨調度體系，已經成為國際企業發展最迫切的需求。

六、全球運送系統

全球運輸系統決定貨品的遞送方式、送達時間，以及整個運

送過程，所需要花費的時間。由於企業營運跨越許多地理與國家的限制，從事原物料與零組件的運送、成品的組裝，及配銷等程序，過程中隱藏著風險或危機。特別是因為不同國家的運輸基礎設施，可能有很大的差異，有些國家內陸運輸很發達，對外運輸卻很落後。譬如，某些以前是殖民地的國家，對外運輸很發達，內陸運輸卻不進步。這些情況都會影響進貨與出貨，時間與效率。此外，國際運輸也存在著極大的不確定性（譬如當地罷工、或特殊節日──例如英國女皇生日，紐西蘭也放假），以及誤會及延遲的可能，這些都會造成國際運送的不確定因素。

第二節　國際企業生產區位的選擇

　　企業在國際上的營運，不論本國經營或進行海外投資，創造競爭優勢常是重要的核心思考。其中，國際企業生產地點的區位選擇，涉及企業整體競爭力。哈佛大學教授 Porter 透過「地理配置的分散度」、「活動間的協調度」，來說明地理區位的選擇。所謂「地理配置的分散度」是指，企業價值鏈中的每一個活動，應設置在何處及多少地方；「活動間的協調度」則是指，分散各處價值鏈中的各活動間，合作的密切程度。他將企業價值鏈中的各活動，拆開來並逐一檢視，以決定哪一個運作程序，應只在一個地方，而哪一些活動則應在多處設立。

一、選擇生產據點

　　目前企業為因應大環境的轉變，快速回應顧客期望，因而在

全球各地設置生產、組裝據點，發貨倉庫和行銷據點，以提高顧客滿意度。一般而言，設立國際生產據點，須考量：（一）地主國的要素稟賦，是否有豐富的資源，要素成本是否低廉（如：勞工、土地、原料等）。因為這涉及到勞動成本、原物料成本，與生產製造成本；（二）國家的基礎設施，是否具備完善的基礎建設，這涉及到水利、電力及運輸系統。譬如當運輸成本過高，就要考慮靠近客戶的地區設廠；（三）生產要素的品質（原產國效應）；（四）價值和重量比率，如鐵礦砂則要靠近產地，使生產成本的降低；（五）政府提供的誘因與獎勵，譬如，稅率、政府投資優惠措施；（六）地主國各產業的群聚現象；（七）廣大的市場規模及消費潛力；（八）穩定的政治、經濟、法律等環境。（九）心理距離不要太遠，及國家文化差異不要太大。

以我國上市公司聯強國際 (Synnex Technology International Corporation) 為例，該集團是亞太地區最大的 3C 專業通路商，這家企業在決定是否到新的海外市場發展時，有三個主要考量：第一，當地人口必須夠多，這樣等到未來消費能力起來後，就有其規模效益；第二，能在當地找到業務性質類似的合作伙伴，而且必須是當地的市場前三強；第三，若是合資，雙方的企業文化、理念必須契合。

此外，當企業在建構生產據點的網絡時，企業必須考慮企業競爭的利基，是架構在低成本的競爭，或是高附加價值的差異化服務等，再來思考該如何佈局企業生產據點。若企業所生產的商品，具有較短的生命週期、高附加價值與高度競爭的特質時，則企業的生產策略，有時必須犧牲部分的製造成本，來爭取能創造高附加價值的區位，以因應市場即時需求。

如果是為了因應規模市場，消費者的即時需求，國際企業可以在規模市場附近，成立組裝中心。但國際企業若侷限於資源不足，或為了規避風險，無法建構自己的生產組裝中心，則也可以透過專業配銷商的協助，利用其配送網路，來將生產的商品交付到客戶手中，以降低整體國際營運的風險。企業國際化時，若無法兼顧製造生產與配銷通路等建構時，適時地與專業的通路商，或當地配銷商的供應鏈合作，利用這些企業的專業分工與合作，來取代企業在當地市場的營運佈局，也可降低企業海外營運的風險、縮短產品的前置時間。

二、台商選擇國際生產區位的關鍵

　　台商國際化生產網路的區位選擇，主要是著重市場和成本（譬如，運輸成本、生產成本）的考量。

（一）選擇前往「歐美」的考量

　　主要是透過國際化策略佈局，藉由生產網路的伙伴關係，取得地主國市場及伙伴成員相關的專業，並持續的學習累積國際化經驗，以加強控制海外市場，掌握海外市場變化，強化本身企業國際之競爭力。由此可知，選擇前往「歐美」建立生產網路的決策，是以「投資風險」、「企業國際化策略」及「網路伙伴成員關係強度」，為主要的關鍵考量。

（二）選擇前往「中國大陸」的考量

　　大陸已從世界工廠轉變為世界市場，特別是龐大人口的中產階級，及有產階級人數持續增加，在提升購買力的同時，廣大市場的龐大需求，是企業不能忽視的所在。就選擇前往「中國大陸」

建立生產網路，投資決策以「市場發展性」、「產品技術變動程度」及「原網路成員關係」，爲主要決策因素。

（三）選擇前往「東南亞」的考量

根據 1935 年由日本學者赤松要 (Akamatsu) 提出的「雁行理論」，產業就會被迫從先進國家，移到成本低廉的發展中國家。以日本爲領頭雁，其次爲亞洲四小龍（包含韓國、台灣、香港、新加坡），其後是東南亞、中國。主要決策因素是考量，技術及設備的遞移性。

第三節　國際生產決策

如何在全方位、全球性的環境下，從接單、採購、進料、生產，到交貨一氣呵成，以滿足顧客的需求，同時又能盡一切可能的降低成本，達到成本優勢 (Cost advantage)，這是國際生產決策的重心。以台商爲例，在進行海外投資之前，大都會與主要客戶溝通，在得到其支持與承諾後，才會進行海外投資。客戶的承諾，一般都是一種默契，而非契約的約束。當有了默契之後，到海外設廠就多了一層保障，訂單也比較容易移轉過來。當訂單移轉過來之後，緊接著就是如何保障品質，降低成本。一個有效率的國際生產管理，必須要能夠降低生產成本，提高生產力，創造利潤。爲達此目標，國際企業對於製造管理，應建立標準化的模式，以協助各地的子公司，建立公認及穩定的品質及水準。

國際生產決策涵蓋到國際採購、生產、垂直整合、自製或外包、國際物流管理等五大面向。以下針對這些要點加以說明。

一、國際採購

國際採購是指在全世界的範圍內，去尋找品質最好，價格合理的零組件、精密儀器設備或原料（貨物、服務）供應商。採購在生產之前，一旦採購的價格與品質有誤，將攸關產品品質及價格，以及後續的如期交貨。因此如何採購，才能降低生產成本，穩定海外生產品質，擴大產能，這些都是國際生產決策所必須考慮的核心議題。以鴻海為例，一年採購設備、物料的採購金額，有時高達數千億元。也因高達數千億元的商機，衍生出貪污案來。所以郭台銘指出，他希望從 2014 年開始的三年內，把現有協力廠，從幾千家，濃縮剩 20%，「把更大的（採購）量給更大的廠商，找最好的廠商，共同走向自動化。」這是大廠在採購時，所應該小心避開的議題。

二、海外生產

到海外生產，除了希望能快速回應當地國的市場需求，取得當地國的科技之外，降低成本是很大的動機。否則又何必冒著多重風險，到當地國去設廠。如何降低成本，方法雖多，但擴大生產規模，絕對是重要的模式。因為生產規模如果夠大，就比較容易掌握市場供應的樞紐，同時也對國際企業帶來五大優點：（一）降低固定成本的分攤；（二）原材料及零組件的採購上，也會藉大量採購壓低原材料的價格；（三）大規模的生產，可以吸引上游的供應商到當地投資，就近提供關鍵零組件，因此有助於廠商對上游材料的掌握；（四）海外生產規模的擴大，會增加國內R&D 的誘因。因為產品一旦開發出來之後，即可由海外大量的生產，來實現產品創新的利益；（五）生產規模擴大可提高對客

戶的談判籌碼，談判籌碼的增加，可深化客戶和國際企業之間的關係，彼此的相互承諾增加，在合作關係上的投資就會增加。例如台灣最大的兩家鞋廠寶成和豐泰，目前合計占全球運動鞋的市場約 25%；兩家都和 NIKE 的關係密切。因為合作關係的深化，兩家鞋廠目前在 NIKE 的產品開發中，已由過去純綷是接受委託代工，轉變為共同開發者的角色。

三、垂直整合

　　許多產業在微利化的趨勢下，毛利率不斷走低，因此國際企業唯有透過擴大規模，以及上下游的垂直整合，才能有機會在國際市場上大顯身手。垂直整合可同時避免市場的不確定性，以及市場失靈的優勢。垂直整合可以分為向上（向後整合），及向下（向前整合）。向上整合主要目的是：（一）取得供應商的專業技術；（二）擴大差異化。至於向前整合的目的則有：（一）提升產品差異能力；（二）取得配銷通路；（三）取得市場資訊；（四）提高價格。

　　垂直整合不是沒有弱點，尤其是當產品跟不上市場變化的趨勢時，垂直整合反而可能成為敗筆。譬如，過去 IBM 從技術研發、CPU 與零組件生產、電腦組裝、物流配送，到市場行銷等每一項都做，可以說是垂直整合程度最高的企業。但隨著競爭者逐漸的加入、PLC 的縮短，龐大的垂直整合體系，卻反而拖垮了藍色巨人。

　　又譬如，宏碁在 1987 至 1990 年間，曾先後購併了美國康點電腦、Service Intelligent 及高圖斯等企業，希望藉由國際購併來增加實力，並降低海外市場進入的障礙。然而，決策的偏差與產

業劇變，卻導致企業身陷困境，隨著個人電腦產業的崛起，購併的海外公司趕不上市場變動的潮流，反而造成庫存積壓，及高額人事負擔的虧損境地。也因此，宏碁的全球運籌及海外佈局策略，便遭遇了重大的危機與壓力。

四、自製或外包

　　自製或外包的決定標準，有很大的差異性。一般來說，自製的主要理由是：（一）品質的要求，或特殊的製程，是供應商無法提供的；（二）防止技術或機密外洩；（三）降低成本；（四）為獲取利益或避免閒置設備及勞工；（五）避免依賴單一貨源；（六）預防競爭優勢喪失；（七）目標衝突；（八）供應商穩定性。

　　國際企業採取外包前，考慮委外訂單的重要條件，主要是：（一）全球運籌服務的能力；（二）生產彈性、產能、備料能力；（三）品質管理系統需符合一定的要求；（四）規模經濟；（五）風險共擔；（六）該方面的管理和技術經驗；（七）選擇可能貨源和替代項目更具彈性；（八）維持多個供應商的採購政策；（九）專利權考量；（十）應付臨時性業務擴增。但是對於外包供應商，則應嚴格挑選，否則對自己的企業品牌，將會帶來意想不到的危機。

　　一般來說，美系大廠與日系大廠，在評估外包供應商時，所重視的因素並不相同。美系大廠最重視的三個因素，依序為「品質系統、產品開發、製程監控與管制」。譬如，以英特爾（Intel）為例，考慮外包廠商的關鍵，就是品質系統、製程確認、產品能力、製程監督與管制、出貨品質、校驗與保養、可靠度、材料品質管理、持續改善、變更管制、異常管理、統計技術應用等。日

系大廠最重視的因素，依序是「製程監控與管制、品質系統、供應商品質管制」。譬如，日立 (HITACHI) 著重倉庫管理、生產管制、產品檢查、組裝、進料檢驗、校驗。實際上，就總體外包的篩選標準來說，重心應置於執行合約能力、財務狀況、品質系統、組織與管理、勞工狀況，以及該公司的道德。最後一項的道德尤為關鍵，因為缺德的企業，必然成為帶給國際企業的一顆不定時的炸彈。

把非核心業務外包出去，不是沒有危機的，其中最著名的案例是戴爾電腦。戴爾電腦將所有的製造、開發過程，全都外包給台灣的電子廠商，他只專注於品牌的經營，不用自己花錢蓋工廠請勞工，甚至連出貨都由代工廠負責，成本低而利潤高，賺了很多年。只不過，戴爾因為這套外包生產模式太成功了，漸漸地什麼都不做，也什麼都不會做。結果，當電子產品轉入後 PC 時代，加上原本替戴爾代工的電子廠，紛紛自己推出電腦與品牌，戴爾反應不及，市佔率與利潤也快速萎縮。一家企業要生存，不能只看見短期的利潤，而將所有的業務，全都外包化。

五、國際物流管理

當商品在某一國進行部分組裝後，再送至另一國進行後續組裝與處理，或是企業具有全球觀，將全球各地都視為自己的市場、供應來源，或銷售與製造據點等，這些都會涉及到國際物流的管理。所謂「物流」，就「物」的演變過程而言，按其階段性可分為，原料資材物流、生產物流、銷售物流及廢棄物物流。在產業應用方面，含括原物料、零組件、半成品、在製品及製成品，甚至退貨等的流通活動。因此，就狹義的觀點看物流，應係指物

品經「商品化」之後，從工廠製造部門或產地（農、牧、林、礦產品），產出的成品，透過一個集中、理貨、庫存、配送分散……等具專業運作之單位，移動至零售賣場，期能提高效率，降低中間流通成本，獲終端銷售競爭力，此一過程稱為銷售物流或商業物流 (Business Logistics)。商業物流追求的目標，在於貨暢其流，亦即如何使商品，精準有效而且低成本的，由供應商移動至零售消費部門。

　　不同於國內物流管理，在國際物流方面則有更多的挑戰與障礙：（一）相較於國內物流，國際物流相關文件要求更多且更複雜；（二）國際物流起運點和目的地之間的距離更長，經理人必須考慮運輸模式，和存貨持有之間的取捨；（三）貨幣相對價值的變動，相關的經濟狀況變化，也是國際物流成本管理，應該考慮的；（四）各國規範、法律及法制的不同，所帶來的影響；（五）貨品銷往國外時，不能假設所有處理貨品的作業人員，都看得懂英文，因此最好能加註當地國文字。同時，貨品包裝上必須有許多標註，以辨識該貨品的出口商、收貨人、目的地、貨號，以及必要的警告標示；（六）國際貨運常見的使用文件，譬如載明產品製造國的產地證明，譬如出口申報單的出口交易資料，如運輸模式、交易當事人及出口產品的描述；（七）商業發票和國內運輸的提單類似，摘要說明整個交易，其中包括商品描述、銷售和付款條件、貨運數量和貨運方法等主要資訊。

表4-1　國內物流與國際物流的差異表

	國內	國際
運送模式	卡車及火車為主。	海運及空運為主，並採取國際活動模式。
存貨	可以保持在較低的水準，以反應短期訂單，並且能以較短的前置時間及良好的運送能力為配合。	需維持在較高的水準，更長的前置時間及更大的需求量，且運送數量及品質均有不確定性。
代理機構	適度使用。	須依賴轉運者，合併運送者及傳統的中間商。
財務風險	較小。	較高。
貨物損失風險	較小。	較高，主要來自於長距離運送，困難度較高，且運送頻率高，結構的變化可能性大。
政府	危險物料、重量、安全及關稅均有規範。	除了政府規定外，尚必須納入習俗、商業貿易、文化及交通的因素。
行政管理	採購單、載貨單以及發票等之文件作業較少。	紙上作業極繁複。
溝通連絡	可以使用語音、紙張為基礎的系統，亦可使用電子資料交易方式。	語音、紙張為基礎的系統不具效率，利用科技溝通技術則須克服語言及政府規範問題。
文化差異	同質性高，產品改變不大。	需針對文化差異調整產品、市場。

第四節　全球供應鏈管理

　　當許多企業共同合作或策略聯盟，以進行全球市場的產品設計、生產、採購、後勤補給及存貨管制等活動時，如果能整合所有參與者 (players)，從原物料供給端，到最終銷者之間的所有參與者，這種跨組織合作的經營體系與運作，則可稱為「供應鏈管理」。換言之，全球供應鏈管理意味著，在通路成員間，建立一種長期的合夥關係，使它們形成供應鏈，來共同努力，以減少無效率、降低成本，和刪除整個行銷通路的重複部分，以便能夠創造顧客更大的價值，以形成一種主要的競爭優勢。

一、供應鏈的需求

　　21 世紀是產業高度分工、全球化經營的時代，供應鏈管理是必然的發展趨勢，也是潮流！以過去十年來說，企業面臨最大的挑戰，就是全球化的競爭，所以當國際企業開始走向全球佈局，因此也衍生出供應鏈佈局的需求。美國著名經濟學家克里斯多夫更進一步的強調，真正的競爭，不是企業與企業之間的競爭，而是供應鏈與供應鏈之間的競爭。

二、供應鏈的內涵

　　根據美國供應鏈協會 (Supply Chain Council) 提出供應鏈作業的參考模式 (Supply Chain Operation Reference Model，SCOR Model)，將供應鏈管理作業流程，分為規劃 (Plan)、採購 (Source)、製造 (Make)、配銷物流 (Deliver) 與貨品退回 (Return)。

三、供應鏈的本質

供應鏈 (Supply Chain, SC) 是不同的企業，卻由一連串企業產銷價值鏈，與交易行為所編織構成，而在不同的產業結構與市場競爭下，串連起許多不同的 SC 運作體系。供應鏈上下游廠商的垂直整合，可以達到彈性化生產，及快速反映市場的需求。

相較於 SC 實體程序的組合，供應鏈管理 (Supply Chain Management, SCM) 則著重在 SC 成員間，關係的發展，與企業間程序的整合，以達到一個競爭上的優勢。所以 SCM 不再只是單純的產銷供貨與企業聯盟，而是更進一步合作關係的改善，使 SCM 合作的程序，更加地合理化、彈性化來爭取產業環境波動中，無法取代的競爭優勢。也就是說，供應鏈管理的本質，就是在追求企業合作的效率，以較少的產品前置時間，與營運成本的最佳考量，來獲取企業營運的競爭優勢。因此藉由供應鏈的合作，與企業程序的整合、協調，才能締造企業合作的競爭優勢。

四、運作模式

生存在全球化激烈的市場競爭中，企業是很難去兼顧到，生產、運送與行銷的每一個細部運作。因此，每一個企業均有其專長的核心能力，藉由這些核心能力的串連、專業分工，國際企業才能在供應鏈的合作體系中，發揮最大的企業效能。

至於在 OEM 訂單的分配上，歐美大廠均同時維持多家供應商為原則，以降低供應鏈的風險。對其供應鏈上的台商來說，歐美大廠不僅保持和台商的關係，也同時維持和韓商等的關係，以保持供應商之間的競爭。

五、供應鏈的趨勢

　　國際企業爲了因應，並簡化供應鏈管理複雜度的挑戰，以落實供應鏈管理效率的提升，正逐漸傾向將供應鏈作業，委外給能夠提供整合型物流服務的業者。國際企業爲了減少對不同物流業者、供應商的管理，會與某一兩家物流業者合作，並由該物流業者做爲單一聯絡窗口，以提供與其他物流業和供應商的聯絡，負責如訂單、補貨等服務。所以減少委外的物流業家數，也是重要的趨勢。

第五節　全球運籌管理

　　運籌管理 (logistics management) 的定義，從字面上係指與軍隊運輸、補給，和屯駐有關的軍事科學。其最初的運用，乃是著重軍事後勤。但就企業經營活動而言，運籌活動則涵蓋生產和行銷過程中，與原料、設備和製品運輸，有關的一切經濟活動，包括訂單處理、物料、存貨管理、包裝、配銷、顧客服務、倉儲和運輸等活動。宏碁集團董事長施振榮對此指出：「運籌管理是物流、資訊流及資金流的管理」。想像一條環環相扣的鏈子，第一圈是產品的原始構想，接著是研發設計、原材料取得、設備、生產、運輸、行銷、售後服務等，而後行銷、售後服務等反映的市場資訊，再回到產品原始構想。所以運籌管理就是以最低成本，打通瓶頸，確保這一整條供應鏈 (pipeline) 暢行無阻。由此可知，運籌管理是商流、物流、資訊流、資金流及人流的整合性管理，從需求預測、物料的採購，直到貨物送達顧客等，一系列

的運籌活動，運用整體系統的方法 (Total System Approach)，予以綜合管理，以提高顧客服務，及降低成本，增進企業利潤。

全球運籌管理 (Global Logistics Management) 乃是企業在推展國際化時，做全球生產據點與配銷通路間的整合。不同於國內運籌管理，全球運籌管理最主要是以多國為規劃的基礎，並執行企業在全球的生產、組裝，與行銷程序間的整合規劃，以提高顧客滿意程度、服務水準、降低成本、增加市場競爭力，進而達成國際企業的利潤目標。

全球運籌是針對所有商業活動的策略規劃、執行與控制，也涵蓋所有物品流動相關資訊、現金、任務，與人力的細節經辦過程。所以其涵蓋外包 (sourcing)、採購 (procurement)、轉換 (conversion)、行銷 (marketing)、流通 (distribution)、銷售 (sales)、通路經營 (channel handling) 與服務 (service)。正因為有此多重的目標，所以國際企業要獨力完成全球的產銷運籌，是既吃力又不易做好。以下針對全球運籌管理的趨勢、目的、優點、策略規劃及實踐方式等，分別提出說明。

一、迫切需要全球運籌管理

要滿足一個客戶的訂單，除了供應鏈中各成員，固守內部生產規劃外，在跨企業間的銷售、運輸，也需協調運作一致，才能在複雜的物流體系中，滿足不同地區客戶的需求。而全球運籌正是打破企業限制，在成本及效率考量下，運用 IT 技術分享資訊、串連供應鏈體系平台，構建出一個虛擬的供應鏈物流網。顯而易見的，企業的國際合作與策略聯盟，都非長久之計。目前只有全球運籌 (Global Logistics, GL)，才能促進海外市場的開發與全球

資源的整合，使國際企業的全球營運達到最合理的分配與規劃。

　　透過運籌帷幄，國際企業真的可以決勝千里。在現在的全球競爭中，企業所應該重視的，不應再是單單追求企業生產成本的下降，而是應尋求全球運籌所帶來的企業附加價值。隨著全球化產品生命週期的縮短，客戶所要求的不再是低廉的商品，而是較少的前置時間、JIT 的需求服務、客戶與供應商間良好的互動關係。國際企業的全球運籌，可同時達到降低企業營運成本，與創造企業差異化競爭優勢。

二、運籌管理的目的

　　當發展國際營運時，企業需整合散佈於全球的生產據點與配銷通路間，整體運作的程序，以便使企業的生產與消費者的需求，能緊密連結與管理。這主要是為了兩方面的目的，一是為了增加消費者滿意度，所以大幅縮短供應鏈，即時反應市場變化，以增強對市場反應的靈敏度。二是為了增強成本優勢，強化競爭環境中的優勢，所以減少中間經銷商的成本，避免經營及庫存的風險。

三、全球運籌管理的優點

　　全球運籌管理有六項的優點：

（一）降低物流作業成本

　　節省文件傳遞成本、通信費，達到無紙化。

（二）提升物流作業效率

　　標準化供應鏈之作業流程、自動收集貨況及電子帳單。

（三）提供平台自動通知服務

自動通知客戶。

（四 調閱電子文件

自動產生電子文件、自動發送所有進出口文件，並自動歸檔。

（五）加速異常處理

可管理及通報，在運送過程發生的異常狀況。

（六） 取得即時企業營運績效管理報表

即時的全球性績效管理報表。

四、策略規劃

企業在立定 GL 的策略後，還得仔細評估，企業所承擔風險的能力，及國際市場的進入模式，到底是透過購併、策略聯盟的合作，還是自己逐步建構散佈於全球的生產與行銷的經營網絡。

五、實踐方式

企業若期望全球運籌的機制，能發揮至最大的效應，便須積極主動收集產業資訊、協調生產運作的流程，並透過資訊系統的建立與網路連結，來將所有的製造、倉儲、與行銷等程序，予以串連與整合，做一整體性的規劃，與合理資源的分配。目前有很多國際企業在建構全球運籌時，是透過國際合作的方式，來降低國際營運的風險。但是如果當地市場值得企業去經營、投資與開發，那麼企業則可經由購併、直接設廠等方式，來直接進駐，以拓展企業全球營運的版圖。

六、案例說明

　　新麗企業的核心技術，是直立棉與熱融棉。目前全球分布的工廠，除了台灣總部外，還包含美國、大陸、泰國與越南等地。以前的每間工廠，都可以自行決定訂單生產排程，甚至各廠廠長都可以自行決定採購，彼此之間並無協調機制，因此各廠幾乎接近獨立運作。這樣的運作模式有好處，但也會造成一些問題，比方來說，由於各廠獨立採購，就會造成需求分散，降低議價空間，增加採購成本，此外，總部缺乏統籌管控訂單與資源的功能，因而造成資源分配不均。當新麗企業開始全球運籌管理後，各據點的資源，就能整合成一個全新的供應鏈體系。以椅墊的製造來說，杭州廠負責生產布套，美西直立棉的製造廠，則生產填充棉，椅墊最後的組裝作業，則由美西廠負責，這樣的供應鏈模式將可大幅降低生產成本。

　　新麗的全球運籌系統，可以立刻確認各廠的產能，並會分配布套至美國。該系統共有供應源管理模組、客製化管理模組、客戶服務管理模組，與運籌決策管理模組等，來達到生產排程與物料需求的規劃。

（一）供應源管理模組

　　以戶外家具原料的組成來說，除了新麗自行提供主要的原料，部分的原料，仍要靠協力廠商及其他供應商提供原物料，也透過這套系統，各家廠商會回報價格，評估過成本與交期時間，可找尋出最合適的協力廠商，而各家供應商只要能透過 Web 連線，就可以登入系統來下單，加速產能與原物料搜尋 (Sourcing) 作業。

（二）客製化管理模組

客製化管理模組主要的功能是，將新麗企業與顧客、供應商之間作連結，在顧客提出產品需求時，讓新麗可以直接與供應商，針對產品的樣式、顏色，與外觀進行討論。讓產品設計與業務人員，掌控產品協同設計，並掌握開發進度，並提供產品資料庫、客製核樣、客戶資料管理等功能。此外，針對客戶需求，可以製造產品的樣品，提供客戶產品量產前的參考。

（三）客戶服務管理模組

客戶服務管理模組可以提供，訂單生產的狀況，與貨物追蹤的功能，並掌握訂單專案的進度。

基本上，如何準確的掌握市場的狀態，並準備好相關的原料，這是最難做到的地方。但客戶服務管理模組可以在客戶下訂單前，便可根據客戶提供的預測單，並透過系統可知道客戶的銷售狀況，在正式下訂單前，便備足相關的原料。以戶外家具為例，K-Mart下訂單後，就必須要在兩個星期內出貨，光是船運時間就要花費 45 天，也因此，新麗必須先完成前段布套的製造，並分配布套數量給美國後段製程的生產地，但如何預測卻是一大學問。目前系統可以根據過去生產的經驗，會自動算出美國產地所需的原料數量。如果預估錯誤，將某一個原料準備太多，當這個原料所組成的商品，一旦不受歡迎時，這將對企業造成相當大的損失。這套系統運作得越久，全球運籌系統算出的資料就會越準確。儘管系統算出的資訊，還是要靠人力去做最後的把關。

（四）運籌決策管理模組

過去最大的問題在於，全球各地的工廠都是獨立運作，彼此

的資訊並不透通。但藉由運籌決策管理模組，便可以達到台灣總部統一接單，全球分工生產的模式，讓總部接獲的訂單，可以最佳化分配至各個工廠與供應商等，完全透過系統來操作，避免人工輸入錯誤的機率。

整體而言，全球運籌系統不斷降低新麗的生產成本，也再造了新麗的流程。全球運籌系統的建立，不但象徵新麗走向全球運籌的第一步，更代表著新麗跨越出純製造端。

問題與思考

一、全球生產管理的決策，有哪些重要內涵？

二、全球訂單處理系統，有哪些階段？

三、設立國際生產據點，須考量哪些要點？

四、委外訂單應考慮哪些要點？

問題與思考 (參考解答)

一、全球生產管理的決策，有哪些重要內涵？

答 全球生產管理的決策，全球訂單處理，全球物料處理，全球倉儲，全球存貨，全球運輸等。

二、全球訂單處理系統，有哪些階段？

答 全球訂單處理系統包括收到訂單，到商品出門之間的所有活動。整個訂單週程可分割為四個階段，訂單傳遞 (order

transmittal)、訂單處理 (order processing)、訂單揀取及組裝 (order picking and assembly) 以及訂單投遞 (order deliver) 等。

三、設立國際生產據點，須考量哪些要點？

答 （一）地主國的要素稟賦，是否有豐富的資源，要素成本是否低廉（如：勞工、土地、原料等）。因為這涉及到勞動成本、原物料成本，與生產製造成本；（二）國家的基礎設施，是否具備完善的基礎建設，這涉及到水利、電力及運輸系統。譬如當運輸成本過高，就要考慮靠近客戶的地區設廠；（三）生產要素的品質（原產國效應）；（四）價值和重量比率，如鐵礦砂則要靠近產地，使生產成本的降低；（五）政府提供的誘因與獎勵，譬如，稅率、政府投資優惠措施；（六）地主國各產業的群聚現象；（七）廣大的市場規模及消費潛力；（八）穩定的政治、經濟、法律等環境；（九）心理距離不要太遠，及國家文化差異不要太大。

四、委外訂單應考慮哪些要點？

答 考慮委外訂單的重要條件，主要是：（一）全球運籌服務的能力；（二）生產彈性、產能、備料能力；（三）品質管理系統需符合一定的要求；（四）規模經濟；（五）風險共擔；（六）該方面的管理和技術經驗；（七）選擇可能貨源和替代項目更具彈性；（八）維持多個供應商的採購政策；（九）專利權考量；（十）應付臨時性業務擴增。

學習目標

一、國際行銷管理應注意的面向

二、國際企業行銷管理決策

三、決定國際行銷策略方案的程序

四、國際行銷管理失敗的關鍵

五、國際企業如何訂價

六、國際企業的全球行銷通路

戲劇行銷

　　2013 年 12 月 18 日在南韓首播《來自星星的你》，中國大陸影音播放網站迅速買下網路播映權，首週播出，吸引約千萬人上線，到第四集時，更衝到 2,300 萬人觀看，第 15 集已有突破 5 億人點播。劇情及人物能如此吸引人，所以中國大陸阿里巴巴集團表示，凡是女主角穿戴過的任何衣服、鞋子，甚至睡過的睡袋、YSL 唇膏，以及男主角都教授讀過的書，目前在淘寶網上，都已斷貨。究竟對它對哪些領域的銷售，帶來龐大的商機呢？可以看以下《經濟日報》調查統計。

《來自星星的你》引爆的現象

劇中內容	引爆現象
女主角戲中穿搭行頭	服裝、彩妝產品，一線名牌熱銷斷貨。購物網站推特區，小資男女狂搜同款，搜尋次數屢創新高
出現過的書、男主角讀的書	絕版書再版熱銷。包括《愛德華的奇妙之旅》、《明心寶鑑》及《列女傳》、《聊齋誌異》等
劇中場景「小法國村」、愛情鎖牆…	追星路線詢問超高，帶旺韓國旅遊，業者紛推相關行程
劇中置入使用 LINE 的內容	網路上有關《來自星星的你》貼圖超過百萬筆
韓國炸雞與啤酒	成為韓國餐廳中必點美食，消費者等再久都要買，並帶動冷凍業者商機
韓國偶像劇版權	創下近年韓劇最高版權費，重拍版權也高價賣出。接檔戲海外版權更水漲船高

資料來源：記者整理。杜瑜滿／製表　　　　　　　　　　　《經濟日報》
（杜瑜滿，「韓劇《來自星星的你》行銷術爆紅」，《經濟日報》，2014.03.26 03:01）

第一節　國際行銷管理應注意的五大面向

　　企業尚未進入海外市場之前，主要是以國內市場為主，而國內市場需求有限的情況下，企業若要擴大利潤的話，就要考慮拓展海外市場。在拓展海外市場時，全球行銷是國際企業縱橫全球，很重要的一環，也是最根本的基礎。因為缺乏了全球行銷，國際企業將無立足之地。

　　國際企業在進行行銷管理的時候，有五大面向應該注意，這五大面向是國際企業行銷管理決策、國際目標市場的選擇、國際行銷主要工具、國際行銷策略，以及避免國際行銷管理失敗的覆轍。

一、國際企業行銷管理決策

　　國際企業行銷管理決策須以國際經濟現況，與未來趨勢分析為基礎。面對全球多樣化的人文地理環境，與異質性的市場需求，國際企業行銷管理決策，涵蓋了環境面、競爭面、消費面、與策略等四大構面。國際企業要如何發展全方位的國際行銷策略，與有效管理國際行銷活動，這涉及到是否能完成以下五大任務：（一）評估國際市場環境；（二）決定進入哪些市場；（三）找出進入市場方案；（四）擬定發展海外市場的全球行銷方案；（五）決定全球行銷的組織模式。國際企業能否成功縱橫海外市場，和這五大任務密切相關。

二、國際目標市場的選擇

當企業要進入國際化的過程中，有許多策略需要決定，其中一個重要的策略決策，就是市場的選擇 (international market selection , IMS)。目標市場就是企業決定要進入的市場，一般來說，市場需求、貿易障礙、市場條件、區域環境，都是抉擇的關鍵。不過波特所指出市場的五大威脅，也不應輕忽。這五大威脅是同行競爭者、潛在新參加的競爭者、替代產品、購買者和供應商。這五種威脅是國際企業不可不察的項目，因為稍有不慎，則可能帶來致命危機。

以自行車的巨大為例，它全球布點首選歐洲的荷蘭，後美國，再進軍日本、澳紐。首站選擇荷蘭的策略考量點，主要有三：（一）當時的 OEM 客戶都在美國，先進軍歐洲可避免與客戶正面交鋒；（二）歐洲是自行車發源地，擁有最挑剔的消費者，而荷蘭則是自行車使用率最高的國家，因此將捷安特歐洲公司設於荷蘭，可更精準掌握在地消費者的需求；（三）阿姆斯特丹為歐洲大港與大門，而且使用多種語言，有助於了解歐洲市場。

國際目標市場的選擇，有其一定的程序，這個程序主要的項目有四：

（一）判斷市場需求強度

需要精確的市場調查，才能做最後判斷。錯誤的市場資訊所做的國際商務決策，將是企業的重大災難，因此不能不謹慎。

（二）市場區隔

地理、文化、人口、性別、族群、所得等，都是國際企業市場區隔的重要變數。

（三）市場選擇

國際市場的選擇，有四大方式：(1) 集中單一區隔市場；(2) 專精特定地區市場；(3) 專精特定顧客市場；(4) 全面性涵蓋。

（四）市場定位

市場定位就是針對不同屬性、需要、特徵或行為群體的消費者加以區分的市場。根據國際企業追求雄心霸業的企圖，市場定位主要有市場領導定位；市場挑戰者定位；市場追隨者定位。

三、國際行銷主要工具

行銷是與產品設計、製造和運送後勤等，構成國際企業的價值鏈。國際行銷方案必須涵蓋產品、價格、通路與促銷等四項，這是一個整體。譬如，2013 年工研院 IEK（產經中心）調查發現，台灣血糖機銷售成功與否，除考量市場規模外，必須進行縝密的消費者研究，因地制宜推出不同的定價、行銷、品牌、通路策略。尤其血糖機的訂價策略，若能充分與行銷搭配，打出彈性定價，多元收費，或是以購買血糖機附贈血糖試紙，購買血糖試紙免費提供血糖機租賃服務，都有不錯的效果。

國際行銷的核心，離不了產品、通路、價格與促銷。以下針對這四者，加以說明：

（一）產品(Product)

這是針對當地目標市場，所進行的產品種類選擇、產品規格設定、品牌命名、產品包裝、產品保證、售後服務、新產品開發及產品線規劃等行銷活動。譬如在 2014 年，宏達電提供 One 系列螢幕 6 個月內，免費整修等貼心服務，免去消費者手機螢幕意

外摔破，動輒花數千元來維修的困擾。

（二）通路(Place)

通路是針對當地目標市場，所進行的配銷通路選擇、配銷通路管理，及產品配送後勤等活動。通路曾經只是產品的過路處，品牌的墊腳石。現在的通路，不但主導產品價格、也主導產品規格。通路愈來愈大，愈來愈強悍，所以國際企業必須重視通路這個領域。

（三）價格(Price)

價格是指針對當地目標市場，或配銷通路設定產品價格、價格折扣及折讓、及價格調整等活動。譬如，做鳳梨酥的微熱山丘，將台灣賣一顆賣卅五元的鳳梨酥，在日本則將價格調整爲日幣三百元（約台幣九十元）。

（四）促銷(Promotion)

促銷是指針對當地目標市場，所進行的行銷溝通活動，包括人員推銷、廣告、公關、促銷等推廣活動。譬如，「可口可樂」的目標市場是年輕族群，所以選擇的廣告媒體，包含電視、網路、戶外廣告、速食店 DM、週邊商品、甚至有紀念館（可口可樂世界）……等。其促銷手法，包括贈品、遊戲、抽獎、免費暢飲、特價……等。這一連串的促銷活動，不但讓銷售量增加，並且創造了一堆可口可樂迷，專門收集這些促銷贈品。

四、國際行銷策略

《第三波》的作者 Alvin Toffler 曾說：「假如你沒有策略，就會成爲別人策略中的一部分」。一般來說，國際企業最常主打

的行銷策略，有兩種不同的類型，一種是國際化策略階段，這是以我國為基地，向全世界輻射；另一種是全球化行銷策略，這是在每一個國家的市場，創造本土化的品牌。無論是哪一種行銷策略，都聚焦於八個要點：（一）如何掌握當地國消費者的需求；（二）如何積極進入新產品市場；（三）如何訂定價格策略；（四）如何加強售後服務；（五）如何加強員工的銷售能力；（六）如何變更銷售路線或再以編制或強化；（七）如何加強國際企業形象；（八）如何積極展開廣告或促銷活動。

　　以上這些行銷策略方案，究竟是透過什麼程序決定的？雖然每家國際企業不同，但基本應依循的程序，主要有以下五項：

（一）界定使命、目標類別與性質

　　有了清楚的使命與目標，國際企業在發展的十字路口上，就不會陷入不知所措的境況；同時，也可避免因資源分配而引發爭議。

(1) 使命

　　即解釋企業海外行銷的必要性。這是由創辦人或主要策略制定者，針對企業競爭範疇（即競爭市場）、成長方向（即未來產品市場與技術）、功能性領域的策略本質、事業本身的基本資產與技能等，所共同決定的。

(2) 目標類別

　　通常目標會受股東、員工、企業經營階層的策略企圖，及其他內部關係人等，外部利害人的影響。但在目標選擇上，大致由以下三者決定：①銷售額成長／規模成長；②獲利的改進；③策略性投資組合。

(3) 目標的性質

可分為：①績效目標：追求成長性與利潤性目標；②風險目標：機會目標表面雖有成長與獲利，但背後難免有風險；③綜效目標：經由國際行銷活動，追求管理性、策略性、功能性的目標；④社會目標：負起企業社會責任的目標。

（二）市場環境分析

分析市場的環境，應著重在以下四個方面：

(1) 經濟環境面

當地市場的大小、人民生活水準、國民所得、經濟制度、貿易障礙、區域整合、市場成長性等，都與品牌國際化密切關聯。

(2) 財務面

利率、匯率、通貨膨脹率、失業率、銀行融資難易度、帳款回收難易度、資金籌措難易度，高比例自有資金調度的難易。

(3) 社會文化環境面

文化因素對品牌國際化，在不同國家的影響力，其顯著性也不相同，例如回教國家的文化，顯然不同於英國的基督教文化、印度的印度教文化。

(4) 政治法律環境面

各國意識型態差異、政治利益衝突，以及政治法律環境，對品牌國際化也會造成不同程度的風險。

（三）評估能力與抉擇市場

評估能力與抉擇市場，兩者要同時進行。是否有足夠的行銷管理與品牌發展人才，以及內部的生產設施、研發技術、財務資源變數，都是達成目標的要素。在抉擇國際市場時，可以用市場

調查為根據，再進行全球市場區隔、價值定位、地理位置、地緣關係，進而選擇品牌目標市場的程序，輔以目標市場競爭情勢、未來機會及威脅等，進行整體綜合的考量。

（四）研擬策略計畫

策略的部分，涵蓋市場劃分、產品與市場組合、通路建立與整編、資訊系統、預算。完成國際策略的研擬後，所要進行的是人員整編、組織建構，與指揮系統的建立，最後則是根據市場通路情報，擬定市場組合策略。

（五）策略管理

總公司對海外子公司的管理，基本上有三大類型：(1) 總公司自己建立策略目標及長期規劃，然後由海外子公司依此目標及規劃，擬定個別目標及計畫；(2) 由總公司決定一般策略、政策，並評估海外子公司的營運績效，甚至統籌擬定有關行銷人才的甄審、任用，具體計畫內容與實施程序；(3)海外公司完全獨立自主。

五、避免國際行銷管理失敗的覆轍

國際企業全球化失敗的原因，常見的是缺乏足夠的時間去做市場調查與分析；缺乏海外市場的可靠數據；缺乏選擇正確的目標市場與目標消費族群；沒有將產品功能調整為符合當地消費者需求；缺乏合適的策略性伙伴。因此國際企業要避開前人失敗的覆轍，就應該事先詳細做好市場調查與分析，掌握市場確實數據，確立目標市場，與目標消費族群，如此才能有燦爛獲利的時候。

第二節　國際企業行銷管理——產品／服務

　　產品（服務）是國際企業行銷管理的核心，無論是價格、通路、促銷，都是圍繞著產品（服務）。如果沒有產品（服務），國際行銷一切成空！但企業要讓產品（服務）在國際市場，如何呈現呢？基本上，有三大議題要考慮，第一產品（服務）定位，第二產品（服務）呈現方式，第三產品（服務）名稱。

一、產品／服務定位

　　產品（服務）有三種定位方式：

（一）產品專精定位

　　這種方式是集中企業資源，爲某一特定顧客群，或某特定市場，發展出專有的商品（服務）。

（二）產品（服務）差異化定位

　　是針對市場區隔變數後，讓公司的產品（服務），有別於競爭對手。譬如以藝術品來說，如果能將商品轉變爲「有功能」的藝術品，也就是雖然是藝術品，但它可以眞正的使用，而不只是用來觀賞、擺設，這就是差異化。

　　實體產品的差異化的戰略有：(1) 創造品質較競爭者好的產品或服務；(2) 提供創新的產品，或競爭者並未提供的服務；(3) 選擇良好的地點，使客戶較容易接近；(4) 將產品促銷或加以包裝，以創造較高品質的質感等。

至於在戰術上，則可從七方面著手：

(1) 形狀

譬如產品大小、外型、結構。

(2) 特色

是指補充產品基本功能的特性。例如、汽車在標準配備外，另增加桃木質方向盤、駕駛座按摩椅、液晶電視、行動電話自動應答系統、衛星自動導航系統、天窗……等。

(3) 效能

特別是效果與性能等品質的展現。

(4) 耐用性

這是指產品使用壽命的預期。

(5) 可靠性

指產品不會在特定時間內，失效或故障。

(6) 修護性

指產品故障或失效時，可以修護容易度。

(7) 款式

這是指產品外觀，與購買者的感覺。譬如，2014 年三星 GALAXY S5 高階機種的差異化展現，外觀比前代更輕薄，背蓋則沿用 GALAXY Note 3 所設計的皮革背蓋，硬體則採用四核心處理器，記憶體為 3GB，主鏡頭提升到 1600 萬畫素。

產品要成功，就要做到讓顧客感動，並在第一時間，抓住消費者的目光及好奇心，以真實觸動他們的心靈。

二、產品／服務呈現方式

產品／服務呈現的方式有三種，第一種是產品標準化，第二

種是產品差異化，第三種是產品調適化。

（一）產品標準化

產品標準化是指，品質具一致性，單位規格都相同，能符合對消費者的承諾標準。公司若採用標準化行銷組合，就是將公司的產品，原封不動在國外市場推出。這時公司的行銷原則是，就現有的產品，在全球各地大量地銷售。這主要是因為網際網路，及傳播科技的發展，全球疆界變得模糊，訊息也迅速散播全世界，由此現象所造就出，需要與慾求的一致性，也創造出標準化產品的全球市場。因此，許多已創造世界品牌的公司採用相同的方式，行銷給全世界的消費者。當然這也要考慮國外消費者偏好，以及是否需要該產品。譬如，以家具業的 IKEA 為例，該公司就比較偏重標準化行銷組合，將北歐風格的簡約、清新、獨特，且具設計感的產品，在全球各市場推出。

（二）產品差異化

產品差異化行銷是指廠商，針對每一個目標市場，調適行銷組合要素，雖然承擔更多的成本，但期望享有較大的市場佔有率與報酬。譬如，現在手機不論是外觀還是功能，長的皆大同小異，國際品牌大廠為增大手機差異化，轉往生產周邊設備或是功能，藉以凸顯差異化及提升附加價值，像三星推出 Note 3 搭配穿戴式智慧手錶 Gear，Sony 推出旗艦機 Xperia Z1，搭配外掛式相機鏡頭 (QX10、QX100)。

產品差異化除可提升附加價值，同時也是因為不同國家，在文化背景、需要與慾求、消費能力、產品偏好及購物型態等方面，皆有很大的差異。因此大多數的行銷人員，會調適其產品，以符

合每一國家的消費者慾求。

（三）產品調適化

在標準化與顧客化二種極端之間，還有許多可行的折衷方案。如產品內部構造一樣，但外部的造型、式樣與特色等，則依據不同國家的偏好而設計，或發展出嶄新樣式的產品，以迎合國外市場的需要。換言之，公司在某些核心的行銷組合要素標準化，而其他的則本土化。

三、產品名稱

國際企業將產品行銷國際時，必須將原有的產品或企業名稱，翻譯為當地文字。在翻譯的過程中，原品牌所代表的社會意義，難免會遭受扭曲甚至完全喪失。例如奇異電器的原品牌為 General Electric，簡稱 GE。該品牌在華文市場的直接音譯，造成了原意盡失的結果。相反地，韓國現代汽車的英文品牌 Hyundai，對多數美國消費者而言，更屬不知所云。所以國際企業除了要掌握海外客戶需求外，也應該深入研究在世界各地不同文化的背景，如此在制訂產品或品牌名稱時，才能更貼近當地消費者。

以我國的王品集團為例，在國外與他國合資的品牌，強調新品牌名稱將以英文與數字為主，不取中文名，以便未來品牌國際化時，不需要再進行品牌名稱轉換，可使發展國際品牌能夠更快速。

產品名稱的命名，有其應遵守的原則：（一）要簡短，不要太長；（二）讓消費者能夠理解與認識；（三）讓消費者容易看、容易發音（對國內及國外消費者而言）、容易聽懂；（四）與企

業本身、形象互相調和與呼應；（五）具有獨特性；（六）產生正面的聯想。

國際企業所提供的產品／服務，必須考量不同經濟環境的條件下，顧客的生活型態與需求有何差異，以及本身的產品／服務，對不同地區的顧客，所提供的價值主張是什麼，如此才能針對全球，不同市場的需求與特性，進而擬定最適合的行銷策略。

第三節　國際企業行銷管理——訂價

法藍瓷的創辦人說：「法藍瓷唯一的策略，就是『贏』！」如何才能贏呢？除了從設計、製造、生產、到銷售，全都嚴格要求外，在價格策略上，法藍瓷堅持「一流品質，競爭品牌的三分之一售價」，讓每一個客戶都對法藍瓷留下，「物超所值」的品牌印象。事實上，產品訂價對企業生存與發展，極為重要，若訂價偏差，輕則減損利潤，喪失市場佔有率，重則影響企業永續生存。

一般來說，企業常會從三種角度，來進行產品訂價，分別為：（一）成本導向的訂價方法，具體的方式，包括成本加成法，目標報酬法、價格底線法；（二）競爭導向的訂價，則包括流行訂價法、封籤訂價法、談判訂價法；（三）顧客導向的訂價方式，則有認知價值法、習慣訂價法、需求回溯法、價值訂價法、心理訂價法。無論是從成本、顧客及競爭的任一種角度，一旦國際大環境發生變動，就可能會影響到產品的價格。尤其自 2008 年的全球金融海嘯後，美國進行量化寬鬆的印鈔政策後，房地產與原

物料價格飆漲，造成全球許多國家，貧富差距嚴重擴大，形成兩極化的世界。因此，在兩極化世界中的貧寒者，對價格的敏感度特別高，尤其是匯率波動，通貨膨脹的影響。所以公司在制定國際價格上，常會遭遇許多難題。譬如，國際企業可制定各國所能負擔的價格，但卻又可能會忽視各國間實際的成本差異。又如，有些公司在各地採取標準成本加碼法，但又可能使公司在成本較高的國家，所制定的價格偏離市場。

產品訂價合理與否，不僅關係到新產品能否順利進入國際市場，取得較好的經濟效益，而且關係到產品本身的命運，和企業的前途。以下針對常見的產品訂價的方式，分別說明如下。

一、成本訂價

一般而言，國際企業常用的是成本領導定位，也就是以較低代價生產，而獲得競爭優勢，賺得較高的利潤。這一類特別適用於產品已經標準化，利潤不高，適合大量生產而產生的規模經濟。從成本的角度來訂價的方式，另外還有兩種：

（一）邊際成本訂價法(marginal cost pricing)

邊際成本是指每增加或減少一單位，所引起產品總成本的變化量。由於邊際成本與變動成本比較接近，而變動成本的計算，更容易一些，所以在訂價實務中，多用變動成本替代邊際成本，而將邊際成本訂價法，稱為變動成本訂價法。

（二）成本加成訂價法(cost-plus pricing)

在這種訂價方法下，把所有為生產某種產品，而發生的成本，均算入成本的範圍。計算單位產品的變動成本，合理分攤相

應的固定成本，再依照一定的目標獲利率，來決定最後的價格。

二、策略訂價

除成本的角度外，在訂價時，國際企業還常用的訂價策略有兩種：

（一）策略性訂價法(strategic pricing)

如市場吸脂訂價法(market-skimming pricing)就是其中之一。這種訂價法從字面可知，就是從市場吸取精華，換言之，就是價格偏高。為什麼可以如此訂價呢？從產品生命週期的角度，產品剛上市，為了盡早將投入研發創新的資金回收，在沒有競爭者的情況下，價格會訂的比較高。

（二）市場滲透訂價法(market-penetration pricing)

從字面可知是為了要「滲透」，到更大的市場。要「滲透」到各個領域，以爭取市場為主要著眼點，高價是不行的。所以這種訂價法，價格都是比較低。

三、內外訂價法

所謂內外訂價法，是指從國內與國際，不同地域來加以區別。

（一）統一訂價法(standard pricing)

這種方法也稱延伸訂價法，就是國內怎麼訂，國外就怎麼訂。該政策要求世界一致的產品價格，但是進口商必須吸收運費及進口關稅。優點是簡單明瞭，無須考慮競爭性及市場情勢。但缺點就是未能隨市場的競爭與情勢調整，所以不易爭取全球市場，以及最大的利潤。而且當制定全球一致的價格時，也會產生

對貧窮國家過高，而對富有國家則可能太低的現象。

（二）差別訂價法(two-tier pricing)

差別訂價法是因應不同市場的調適訂價，也就是允許子公司或關係企業的經理人員，設定任何適合當地狀況的價格。這種訂價法，必須考慮許多獨特的市場因素。這些因素包括有，當地成本、所得水準、競爭程度、當地市場策略等。

四、市場行情訂價法(market pricing)

在壟斷競爭和完全競爭的市場結構條件下，任何一家企業都無法憑藉自己的實力，而在市場上取得絕對的優勢。為了避免競爭，特別是價格競爭帶來的損失，大多數企業都採用市場行情訂價法。這種方法即是將本企業某產品價格，保持在市場平均價格水準上，利用這樣的價格來獲得平均報酬。此外，採用市場行情訂價法，企業就不必去全面了解消費者對不同價差的反應，也不會引起價格的波動。

五、傾銷與移轉訂價

（一）傾銷訂價(dumping pricing)

傾銷是掠奪性訂價（predatory pricing）的一種，即以蝕本價賣出貨品，以打擊競爭對手。最終迫使將對手離開市場後，則開始大幅提高價格，不但要償補之前的損失，更要佔領對手的市場。

（二）移轉訂價(transfer pricing)

關係企業內的某一事業單位，將產品或勞務、資金等，移轉給另一事業單位，所計算或收取的價格或利潤。移轉訂價的主要

精神是，國際企業追求最大利潤，在全球進行資源最佳化的配置與專業分工。但各國爲維護稅基及租稅公平，防止關係企業透過移轉訂價，對收入、費用及利潤進行「不合理」的移轉分配，進而制訂移轉訂價稅制。各國爲避免稅基流失，都會針對國際企業的移轉訂價，進行查察。

從供給面談價格，是一種面向。但還有一種面向，那就是從顧客端看。萬一客戶對價格不滿意時，一方面可能對訂價要再檢視，但也不要忽略討論重心，可能要從價格轉到價值上。如何化解不滿，防止訂單可能消失，方法一是增加產品的價值感，也就是要讓客戶知道，國際企業的產品與服務，優於競爭對手。如果不購買本國際企業的產品，反而可能吃虧。方法二是提出國際企業，物超所值的訂價策略。方法三是國際企業必須幫助潛在客戶，看到其他公司產品的風險。

第四節　國際企業行銷管理——全球行銷通路

國際行銷通路(marketing channel)又稱國際配銷通路 (channel of distribution)，它是指產品從國際企業，移轉到消費者或工業用戶，共同運作且互賴的機構、成員，所組成的網絡體系。在國外通路佈局上，除了透過代理商販售外，也可藉參展與比賽、廣告、舉辦講座、新產品上市活動、生日月份回饋等，傳遞產品訊息，並可在國外設立發貨中心，提供即時性的在地化服務，以提高當地消費者忠誠度等方式。

以下將國際企業的全球行銷通路，所應考慮的變數，分五大類加以說明。

一、國際市場的通路類型

國際市場的通路類型，大致可分爲五大類：（一）透過母國通路商協助；（二）透過地主國通路商協助；（三）透過全球大通路商的協助或合作；（四）自建國際通路；（五）併購國際通路。企業在建構國際通路時，若能夠使用在地人力資源，則更能有助於通路建構的推行。

二、選擇國際市場通路的關鍵

企業在建構國際通路時，其相關通路建構之主要決策權，若由各地子公司掌握，則有助於企業通路建構，及通路管理的成效。無論是由母公司或子公司來選擇，都要考量到：（一）企業資源；（二）對當地市場的掌握度；（三）通路的活力與能見度；（四）通路的能見度。

三、設計全球行銷通路

企業在建構國際通路時，其通路策略及通路管理作法上，會視各國市場特性之不同，而有所不同。在沒有一個通路可以通吃全部市場的情況下，所以應考量各種型態的通路佈局。在設計全球行銷通路時，應注意的六大面向是：（一）顧客的特性 (Customer Characteristics)；（二）當地文化 (Culture)；（三）市場競爭 (Competition)；（四）國際企業的目標 (Company Objectives)；（五）產品特性（Character）；（六）國際企業本身的資本 (Capital)。

四、國際市場配銷密度

（一）密集性配銷

運用及廣泛的零售商組織，來配銷企業的產品，其目的是使消費者能更方便接觸到該產品。這種方式較適用於經常購買的低涉入便利品（日常用品、衝動品、緊急用品），而且價格不高。

（二）獨占性配銷

這是一種只允許一家，或非常少數的零售商或經銷商，來配銷企業的產品。這種配銷方式適用於較為特殊且具高價值的稀有產品。

（三）選擇性配銷

在單一地區挑選少數幾家經銷商，來行銷其產品。

五、建構國際通路策略

「通路為王」的時代，能夠占有最多通路的，便能具備主導市場的終端致勝力量。但也不能忽略最新科技的運用，根據Gartner 調查，2014 年之前，2000 家的跨國企業之中，有 70% 以上至少利用一種遊戲化 App，推動他們的行銷事宜與維持顧客關係。以下是建構國際通路的重要策略。

（一）多家合組專業行銷公司

這是以合資方式，共同支持一家國際行銷公司，來打國際共同品牌，並行銷到全世界。它以最少資金，藉著集體行銷、集體參展、集體談判等通路及資源共享，透過聯盟集體談判，以大幅提高市場競爭利基。譬如，在外貿協會與薌園生技的主導下，

2007 年底，邀集幸鑫食品等成立上海合祥商貿公司，並組成台灣食品業品牌策略聯盟。2009 年，聯盟則推出「四季寶島」的新品牌。透過這家新成立的公司，主導台灣食品的聯合併櫃進口業務，品牌則包括：奇美、幸鑫、盛香珍、十全、皇族、親親、九福、崇德發等。台灣食品聯盟在大陸的通路，最初有點像台灣高速公路休息站販售中心的縮小版，透過此通路可買到全台各地農特產品。

（二）一家成立多品牌公司

台灣與其他國的文化背景不相同，因此可在當地國成立行銷公司，去調查當地消費者的需求，以便精準地掌握研發與行銷方向。

（三）加盟模式

由總公司負責宣傳及資源運籌的加盟方式，能使一家公司迅速取得一定規模，以追求齊一標準。採取加盟的通路策略優點是：(1) 可以快速入市場；(2) 減少開設店面的資金；(3) 利用當地管理人才；(4) 減少人事費用的支出；(5) 減少代理成本。

不過在管理上有其限制：(1) 控制品質較難；(2) 人員訓練可能有限制。

（四）品牌授權

品牌授權 (Brand Licensing) 最主要的角色是品牌授權商 (Licensors) 與品牌被授權商 (Licensees)。品牌授權代理是製造商，掌握行銷通路、拓展海外市場，用以增加產品銷量最有效的工具之一。這有助於中小企業能迅速切入國際市場，並站穩腳步。

（五）併購通路

企業併購國際市場現有的行銷通路，可以利用其現有的行銷通路，迅速進入市場或另一個事業的領域，不僅能有效降低海外營運風險、提升企業的國際化程度、達成持續成長之效益，也成為創造營收的國際行銷新模式。

（六）合資通路

通過國際合資合作的方法，與國外有相當知名度，和品牌影響力的公司進行合作，藉該公司在國際市場的網絡，銷售自己的品牌產品。

（七）多重通路

行銷通路是業績的咽喉，沒有通路就沒有品牌，通路是決定品牌的重要因素。想積極拓展品牌產品，或服務的知名度，或大幅擴展市場佔有率，唯有多重通路才能百無一疏。

（八）網路行銷

隨著網際網路的世界興起，我國中小企業可透過網際網路來開拓國際市場，將產品介紹給全球的買主。所以國際企業應建立自己的網路平台，並透過網路平台上的物流、金流與資訊流的管理能力，將產品推向國際市場。國際企業所建構的網站，滲透力要強，因為這是格局大小的指標。我國異奇科技總經理胡迪生創業 8 年（2005 年創業），一開始就透過 Google 的網路行銷，因而找到全球軍用武器、能源商客戶，創造年營收成長 100% 佳績。目前異奇已有上百個客戶，7 成來自北美、歐洲，每年創造營收數千萬元，毛利率也高達 30% 至 50%。

2010 年 5 月 31 日我國經濟部中小企業處，結合 eBay、阿

里巴巴、樂天市場，以及台灣在地的賀田國際等，四大電子商務平台，提供配套方案，予國內中小企業 B2B、B2C 之電子商務服務，聚焦各地市場，以收實際行銷效益。

（九）利用當地國的電視購物頻道

以大陸為例，2007 年大陸電視購物商機約 70 億人民幣，2012 年的市場規模，已快速增至 578.3 億元，目前更迅速成長，預估 2020 年上看人民幣 5,000 億元，市場前景不容小覷。若要打入大陸電視購物頻道，必須熟悉大陸當地法規，在資金的運用與備貨配套能力的規劃上，都是台灣供應商在進入大陸電視購物市場前，必須深思熟慮的。

第五節　國際企業行銷管理——推廣

推廣是國際企業以行銷溝通的方式，喚起消費者的廣泛注意，來刺激消費的慾望。促銷則是提供誘因，如降價、贈品、展示、商展、抽獎、優待券等，期望在短期內能立刻彰顯銷售效果。在國外市場的促銷推廣，國際企業常用的兩種方案，一是採取與本國市場完全一致的促銷策略；另一則是配合當地市場的環境，修正其促銷方式。無論是哪一種方式，其目的不外乎提高產品知名度，提供商品資訊，塑造美好的形象，強調優於競爭者的特色，加強消費者的購買信念，並促使消費者採取行動等。

目前國際企業的行銷推廣，常見的方式有以下八種：

一、積極造勢

　　造勢的方法，莫過於與當地文化結合。一般來說，西方國家特別注意運動，無論是網球、籃球、足球或一些比賽等，都能引起社會大眾注意的目光。王品台塑牛排設置於美國比佛利山莊的 PorterHouse，在美國雖然僅此一家，但仍獲得美國最大網站公司 AOL，頒予當地最美味餐廳獎，並在葛萊美頒獎典禮時，特地邀請主廚前往料理美食。

二、廣告

　　好萊塢有一條鐵則——「電影若是不能只用一句話形容，就讓人覺得有趣，那肯定不會賣座。」在廣告方面，一句話或一個畫面，就要能抓住消費者的心，這則廣告才會有希望。

　　在廣告訊息方面，一些公司採高度標準化的廣告主題，如 Nike；另一些則認為，廣告訴求應因地制宜，譬如，媒體選擇應該依據各地環境做出調整，各類隱喻的素材，也要避免當地國市場的忌諱。譬如，孔雀在東方人心目中是美麗，但是在法國則是淫婦的別稱；鬱金香是荷蘭的國花，但在法國人的眼裡，卻成了無情無義的東西；斯里蘭卡、印度視大象為莊嚴的象徵，但在歐洲人的詞彙，大象則與笨拙同義；伊斯蘭教國家禁用豬，及類似豬的圖案設計；狗在北非視作不法；阿拉伯人禁用六角星圖；義大利忌用蘭花圖；捷克人將紅三角圖案，作為有毒的標誌；法國禁用黑桃，認為黑桃是死人的象徵。這些都是在全球行銷時，應該避免犯的錯誤。

　　廣告常會用到廣告詞，廣告詞要成功，就必須深入人心。譬如「鑽石恆久遠，一顆永流傳」，因為精確點出鑽石的價值——

稀有、珍貴、永恆，所以讓大家印象深刻。以 CANON 為例，就有因地調整的因應，譬如它在日本的廣告口號是「make it possible with canon」。在歐美是「you can」；在亞洲又改為「delighting you always」。CANON 不只廣告在地化，連副品牌與型號命名都要在地化。

三、參加國際展覽

參與展覽對打開知名度，有相當程度的幫助。尤其是積極參與國際性商業展覽，使企業品牌或產品品牌成為世界品牌。在參展時，從主題設計、動線規劃、產品陳列到講解，使產品的特性充分表達，讓買家在最短時間內，親自體驗所有產品，以提升品牌知名度。譬如，「2014 年台中國際新車大展」，有包括福特、中華三菱 (Mitsubishi、e-moving)、裕隆日產 (Nissan、Infiniti)、納智捷、M-Benz、BMW、Audi、Volvo、Porsche、Peugeot、Subaru、Suzuki、Ssangyong、Volkswagen、福斯商旅 (VWCV)、Skoda 以及 Volvo 等 10 餘個汽車品牌參展，現場展出百餘輛最新上市的新車。

經濟部國際貿易局為協助個別廠商赴海外參展，以拓銷國際市場，自民國 100 年起辦理「補助公司或商號參加國際展覽業務計畫」以來，到民國 102 年止，已補助達 4,300 家廠商，赴海外參加 11,000 餘件展覽，有效拓展我國出口商機。

四、運動行銷

運動行銷是在特定的時空、針對目標族群、在某項運動賽事期間，所進行的聚焦行銷。運動行銷 (Sports Marketing) 一詞最

早出現在 1979 年的《廣告年代》(*Advertising Age*) 雜誌，指的是
運用各種運動賽事或運動員，做爲促銷的工具，所發展的行銷策
略。最早有運動行銷概念的是啤酒廠商，當時只停留在購買運動
節目的廣告。後來由於美國職業運動運用很多商業行銷手法來經
營，因此更讓運動行銷蓬勃發展。

　　2013 年三星電子 (Samsung Electronics Co.) 的廣告，除打進
美式足球超級盃 (Super Bowl)，以及在巴塞隆納的全球行動通訊
大會 (MWC)，三星的巨幅廣告，處處可見三星的品牌識別標誌，
因而大大提高三星品牌在國際市場的知名度。2014 年三星電子
贊助多季奧運，並爲每名選手提供免費 Galaxy Note 3，但前題
是凡獲得三星電子免費裝置贊助的選手，在冬奧開幕式上，如果
使用 iPhone 時，必須遮住蘋果的 logo，可見三星電子是何等的
在意運動行銷。

五、關係行銷

　　這是以維護和改善現有顧客之間的關係，對於往海外發展的
國際企業，可先從關心當地學校、社區著手，並大力配合對於當
地政府所推行的活動。例如，對於金融海嘯所造成失學者，提供
獎學金或學費，以各種潛移默化的方式將品牌價值傳達出去。

　　從國際行銷策略的變化，可以發現以往企業最重視的商業
行銷 (commercial marketing)，已調整爲社會行銷 (social market-
ing)，進而到社會責任行銷 (social responsibility marketing)。這一
路走來的發展趨勢，點出除了商業部門及其促銷手法，不再只是
思圖眼前的短視近利，而是隱含著更爲長遠規劃的策略性經營手
法。就此而言，過去的企業體，大多著重於營利性質的產品與服

務時，所採取的促銷手法。目前則擴大為一種廣泛性的社會活動，除了實體產品外，更加凸顯的是包括社會理念、社會價值、社會利益、社會過程、社會衝擊、無形服務以及承擔社會責任等。

六、專業雜誌

針對主要客群，透過國外特定的專業雜誌來接觸目標消費者，特別強調「行銷創意」，讓品牌符號的圖片意象，增加目標客群對國際企業的品牌聯想。此外，在專業的報章雜誌上刊登廣告，以增加國際品牌曝光機會。

七、同業結盟行銷

台灣機能性紡織品經營有成，目前全球市佔率逾 70%，但因國際品牌知名度較低，價格與國際品牌差距甚大。所以由台灣四大機能性紡織品品牌福懋、宏遠、興采、寧美，共組品牌行銷團隊，推展服飾與布料「雙品牌」。

八、增強來源國效應

國家品牌的塑造，是為了讓國際人士對於國家的某些特質和特點，產生聯想與特定的印象。好的國家品牌，可以建立國家優質的形象，消除或改變以往既存的負面印象，一般投資者與消費者，也都以國家形象作為經濟與採購決策的參考。

除以上品牌國際化的具體戰略之外，還可以增加成功機率的是：（一）力邀國際知名巨星代言品牌廣告；（二）積極參與國際認證；（三）以高品質的產品及良好服務，累積企業全球聲譽；（四）在每年國外最知名的廠商型錄中，將廣告刊登在最明顯的

位置；（五）創意、創新的網路行銷做法；（六）可將商品推展到各國的電視廣告上，以增加全球消費群眾對品牌的理解度；（七）在各國舉辦專題研討會，交換產品研發的心得與經驗，以建立國際專業形象；（八）每年固定舉辦全球技術論壇；（九）接受國際媒體採訪報導，以增加知名度與商譽。

國際企業想要推出新產品，在全球嶄露頭角，廣告、參展、促銷、給予銷售獎勵金等，都是可行的手段。國際行銷如打仗，打仗靠經費，國際行銷所需的費用，極為驚人！2013 年三星電子就砸下 140 億美元，投入在國際行銷的領域。以 2014 年超級足球盃為例，在比賽轉播中間的廣告時段是兵家必爭之地，2014 年 30 秒的廣告價格，就飆漲到了 400 萬美金，大約 1.2 億台幣，而且廣告時段早早就銷售一空。據廣告研究暨顧問公司 Kantar-Media 指出，2012 年三星電子砸下 4.01 億美元，在美國大作廣告推銷手機，反觀，蘋果的廣告支出達 3.33 億美元，明顯落後宿敵三星。

為何要投入如此龐大的行銷費用？根據達哈瑪 · 卡爾薩 (Dharma Singh Khalsa) 所著《優質大腦》(*Brain Longevity*) 一書，每人平均一天會碰到看到 16,000 廣告、商標及標籤！正因為有如此之多的廣告，讓消費者目眩神迷，所以國際企業要建立自己的新產品豎起全球一定的知名度，不得不耗費龐大的資金，以打贏這場全球行銷的大戰。

第六節　建立國際行銷網站

網站是國際企業的網路門面，是塑造品牌獨特性的有效途徑。具魅力的國際企業，其網站的設計，不僅能展現企業的內涵，更能成為提高銷售業績的致勝關鍵。對品牌來說，網站具有天涯若比鄰的效果，能進行全球消費者串聯。因此，現今的網頁設計外觀，除了要能吸引人外，版面的閱讀舒適性高不高、配色對不對、能不能引起瀏覽者的共鳴，這些都是設計師必須面對的問題。

在電子商務網路的虛擬世界中，人潮是創造錢潮的必備條件。設計品牌網站，除了重視聲光效果之外，更應該注意設計此企業網站的專業水準、網站的推廣方式，和推廣力強弱。所以有沒有專屬自己的品牌網站，對於大部分的國際企業來說，關係到消費者回饋資訊以及訂單的取得。

一、建立網站

建立網站前，應明確網站的目的、功能、規模、類型、投入的費用，並進行必要的市場分析。就總體網站、網頁的設計，也要注意到五項關鍵指標，這些指標是搜索度、吸引度、可看度、績效度，以及永續度。

以下是建立國際行銷網站，所必須遵循的原則：

（一）有效編排與導引

美觀的視覺享受，與創意的設計概念，是網站必備的設計指標。從平面設計、網站設計、系統建置、多媒體設計，到介面設計、導覽設計、互動設計、資訊架構（某種程度的分類學）、命

名設計、網路行銷，都需要精心有效的設計與編排，才能讓人能夠很順暢的瀏覽網站。至少不能出現負面的問題，譬如，網站瀏覽速度過慢，或在網站中迷路，網站死路（孤兒網頁），或是讓使用者不了解目前所在的位置。

（二）無障礙特色

無障礙網站主要的特色，就是必須考慮到身障人士（如視障）的使用。因此在網頁上，除了一般的螢幕顯示外，可能還要考慮語音顯示、特殊顯示。

（三）豐富而正確的內容

華美的網站，能讓顧客留下好印象；酷炫的動畫效果，能夠吸引顧客的目光。但是一個好的網站，不能僅靠這些，若沒有充足的網頁內容或有用資訊，仍然很難留住人潮，讓顧客回籠，更別說提升品牌印象了。所以網站不論傳達何種訊息內容，最基本的要求，就是要正確、豐富。

（四）精緻圖片

插圖常有輔佐文字與美化版面的效果。因此，如何讓網頁達到傳達訊息的功能，使用有趣，或吸引人的圖片，是優質網站必備的條件之一。

（五）內容即時更新

要隨時更新內容，並在標題旁以文字稍加註明，以提醒讀者。

二、經營網站

經營品牌專業網站，必須特別注意的四項要素：

（一）網站定位

網站必須定位明確，才能根據這個戰略目標出發，進行網站架構、內容設計、風格設計、運營和市場策劃。這樣也才能為不同客群的需求，提供最大的滿足。

（二）設計上網最佳入口

與傳統媒體（如電視、廣播、報章雜誌）相比，品牌專業網站最大的優勢，就在於資訊提供的即時性、交互性。如果國際企業的所有用戶（潛在用戶），想找的相關專業訊息，都可以透過搜尋引擎找到本品牌，這對於國際企業必然有加分的作用。所以增加專業的收錄數量，甚至如何在重要關鍵詞都能夠排在搜索的前幾名，至關重要；收錄數愈多，網站的長尾效應愈好！

（三）強化網站功能

國際企業應該把所有的創意，都發揮在後台系統，網站前台呈現的頁面異常簡單，用戶操作一目瞭然，也就是以最簡單的方式，來開發並提供一些最複雜的功能，以吸引消費者！以琉園(Tittot)為例，在進駐台北 101 大樓後，為了與顧客有更細膩的互動，琉園主動調整網站，為顧客開闢專區，過去由各部門分頭進行的顧客互動，改由一個單位專責管理。如果網站設計的功能不周密，即使把人潮導入網站，也只會讓高期望的消費者，在體驗後造成反效果。所以不管商業模式是 B2B 或者 B2C，應該都要建立網站會員功能、電子報功能、討論區、網站分析的機制、購物車機制，以緊抓用戶的需求，留住他們的「眼球」，滿足用戶體驗。

（四）建構網站知名度

　　網站是否具有知名度，會影響品牌專業網站的運作績效。有一個指標可以看出網站知名度，就是如果「被友站連結數」的程度愈高，則表示本站知名度與需求度也愈高。知名度對於未來品牌的宣傳與推廣，將扮演推手的角色。同時，也可以此作為競爭對手的比較，所謂「知己知彼、百戰不殆！」設若競爭對手有高達二十多個友站介紹，並連結到該網站，而本企業的品牌網站卻一個也沒有，就知道還有一段努力的空間。

　　網站有內容、有特色、有定位，自然就有它特有的族群。而社群的經營，以及後續的網站的營運及維護，這些都是品牌網站所不能輕忽的議題。

問題與思考

一、國際行銷策略與有效管理國際行銷活動，必須完成哪五大任務？

二、分析國際行銷市場的環境，應著重哪些方面？

三、請思考決定國際行銷策略方案，究竟應該有哪些程序？

四、國際行銷管理失敗的關鍵，主要有哪些部分？

一、國際行銷策略與有效管理國際行銷活動，必須完成哪五大任務？

答（一）評估國際市場環境；（二）決定進入哪些市場；（三）找出進入市場方案；（四）擬定發展海外市場的全球行銷方案；（五）決定全球行銷的組織模式。

二、分析國際行銷市場的環境，應著重哪些方面？

答（一）經濟環境面：當地市場的大小、人民生活水準、國民所得、經濟制度、貿易障礙、區域整合、市場成長性等，都與品牌國際化密切關聯；（二）財務面：利率、匯率、通貨膨脹率、失業率、銀行融資難易度、帳款回收難易度、資金籌措難易度，高比例自有資金調度的難易；（三）社會文化環境面：文化因素對品牌國際化，在不同國家的影響力，其顯著性也不相同，例如回教國家的文化，顯然不同於英國的基督教文化、印度的印度教文化；（四）政治法律環境面：各國意識型態差異、政治利益衝突，以及政治法律環境，對品牌國際化也會造成不同程度的風險。

三、請思考決定國際行銷策略方案，究竟應該有哪些程序？

答（一）界定使命、目標；（二）市場環境分析；（三）評估能力與抉擇市場；（四）研擬策略計畫；（五）策略管理。

四、國際行銷管理失敗的關鍵，主要有哪些部分？

答國際企業全球化失敗的原因，常見的是缺乏足夠的時間，去做市場調查與分析；缺乏海外市場的可靠數據；缺乏選擇正確的目標市場，與目標消費族群；沒有將產品功能調整為符合當地消費者需求；缺乏合適的策略性伙伴。

Date _____ / _____ / _____

第六章　國際人力資源管理

學習目標

國際企業的面試

　　2014 年新加坡航空與威航在招募新血時，新航主管表示，薪水加上津貼，月薪 8 萬起跳。由於微笑是國際語言，所以航空公司主考官特別注重，考生是否保持微笑。面試時，除了自信的態度和清楚的表達能力，最重要的是，臉上需時時保持燦爛笑容。「第一件事希望看到燦爛的笑容，再來才是基本口語溝通能力。」面試全程採用英語，新航在自我介紹之外，也加入即席問答，威航面試時只有 30 秒讓應試人自我介紹，考驗短時間內清楚表達的能力。問答題目不難但很靈活，從「如何規劃台北一日遊」、「最喜歡哪個國家、城市」到「你的家庭有什麼特別的地方？」

第一節　國際人力資源管理應注意的面向

21 世紀是全球化競爭的時代，不管是是製造業、服務業或是金融業，都已經無法自外於全球經濟快速整合的這股潮流。在經濟全球化迫使企業，到全球各大市場競爭的同時，從產品的研究開發，廠房設備的建設，配銷通路，資金管理等，都需要不同類型的專業人才。以此而論，當企業在跨越國界的版圖時，也必須面臨國際化人才的招募、遴選與任用等重要的課題。

有鑑於企業在國際市場的複雜度，譬如，許多國家的語言、稅制、文化、價值、政府規定、交通通訊的基礎建設都不同，國際企業因而必須因應調整。因此，企業選用的人才，能否與目標市場文化融合、適切和當地人員合作，並實踐公司賦予的任務，對國際化營運成敗至關重要。以台商赴大陸投資為例，雖然產業別不同，卻常出現共同的地方，那就是將台灣經驗、台灣價值觀、台灣企業文化、台灣管理模式，移植到大陸去，卻造成大陸員工的反彈；台灣優秀的經理人才到了大陸，因而發生水土不服的現象。所以，國際人力資源管理與國內的人力資源管理，所側重的點，有所不同。

國際人力資源管理特別重視的要點有三：(1) 外派人員的選任、任期與外派工作條件的管理與轉換；(2) 外派人員訓練與職涯規劃管理，以及增加互動多元化；(3) 透過國際企業文化的建立與擴散，以加深企業的國際化。除此之外，企業要成功達成國際化的目標，就必須注意國際人力資源管理的諸多面向。

一、吸引人才

　　企業國際化需要懂國際市場經營管理，又有實戰經驗的人。但是企業在國際化過程中，卻常面臨國際化人才匱乏的問題。由於缺乏具有國際化經營經驗的行銷銷人才、國際經營管理人才、法律人才，金融人才，因此嚴重限制了企業的國際化發展。

　　所以海外人員的派遣的人資策略，在國際化過程中，極為重要。

　　台商若想長期在全球發展，最重要的是如何吸引當地及全球，這些優秀的人才，並且使其發揮最大的潛力為公司效命。依據國際人才的類型，依地域大致可分成三種：（一）母國人才 (parent-country nationals)；（二）地主國人才 (host-country nationals)；（三）第三國籍人才 (third-country nationals)。無論是哪一種類型，都必須靠企業提出吸引人的誘因。以大陸為例，台商取得人才的能力，不如歐美日商；日商在台人力市場的地位，也不如歐美商。所以吸引人才既要有靈活的策略，也要有吸引人的誘因。

二、培育國際化人才

　　人力資源 (human resources)，是指組織中人員，以及人員所擁有的知識、技術、能力、人際網絡、組織文化等。因為，人力資源是現代企業，參與國際競爭的最關鍵的資源。也因此，國際企業需要各種人才的組合，所以如何培育自己的管理人員，具備國際化競爭需要的基本素質，就成企業能否壯大的重要關鍵。由於國際企業需要國際化的人才，所以一定要有海外人員的派遣的人管策略機制、制度與辦法。不過目前最令國際企業頭疼的問題是，國內企業現有人才，不能適應海外市場。為此，國際企業應

積極培育國際化人才，培養時應置重點於以下三方面：（一）樹立全球化的觀念、國際化的合作、管理技能；（二）要學會以全球的視野來選拔人才，以國際人才市場的價值，而不是以區域市場的價值，來衡量和判斷人才價值；（三）建立跨文化管理的能力，在國際企業核心文化中，一定要有包容性，要能包容各個不同國家地區的文化，以及不要與當地文化相衝突。同時如何激勵全球員工的積極性，也都是人力資源管理國際化重要的議題。

三、遴選國際人力

母公司遴選派遣人才時，須考量不同國家的風土民情、文化價值觀、相關勞動法令、稅務法規，管理多元文化工作團隊的技巧等。因此，以具備跨國界、跨功能的國際觀者優先派任。不過對於這些接受任務，在海外為公司開疆闢地的人員，母公司應對於派任者的回任，事先有周詳的考慮。同時也要照顧派外經理人眷屬，給予子女教育津貼、安排宿舍、健康醫療補助、不定期慰問，以安海外工作者的心情。

國際企業在甄選人才時，有三方面是疏忽不得的：（一）透過面試引進合法國際人才時，應透過其母國或本國駐外單位，認證其資歷真偽；（二）確認其過往個人行為表現，及歷任雇主就業評價；（三）是否曾接受職前教育，如語言文化、禮俗、對問題的反應。

四、建立組織結構

國際企業的組織結構，就如同軍隊戰鬥組織，會影響整體成敗。整體來說，日本國際企業較偏向於集權，美國國際企業之正

式化及專業化的程度則較高，授權可能也較高，歐洲國際企業正
式化程度則可能較美國低，而授權程度則可能高於日本，但低於
美國。

　　國際企業的組織結構，傳統多以「產品」、「地理區域」的
廣度，作為組織分類基礎。一般而言，國際企業的組織結構，大
致可區分為六大類：

（一）國際事業部(international division structure)

　　由國際事業部統籌海外各地區、各國家，所有海外的子公
司，皆須向其報告，所以如果溝通差，回應當地競爭與需求的速
度相對也較慢。

（二）全球功能別組織

　　全球功能別組織是一種，最普遍的組織部門化形式，適合規
模較小的國際企業。它是依據組織所執行的功能（例如：行銷、
財務、人力資源、生產與作業）來編組，每一個功能部門，負責
海外相對的部門。譬如母公司的行銷，負責海外子公司的行銷；
母公司的財務，負責海外子公司的財務。

（三）全球化產品結構(worldwide product division structure)

　　全球化產品結構是以產品來區分，全球的營運責任。因此，
特別適合有挑戰的競爭環境，重視產品發展的多國籍企業，以及
強調專業分工、具R&D、製造、行銷經濟規模者，而且能針對
該產品線作集權、整合決策。全球化產品結構可以讓每個產品別
的管理者，有效管理組織營運，專心運用人力，抓住機會、解決
問題。不過缺點是，較不利於因應當地政經情勢的變化。

（四）全球化區域組織(area division structure)

　　將世界分成數個地理區，每個管理者直接向執行長負責，對其區內活動有完全的掌控權。這種組織是由區域總部總管區域內的產品事業，因此適合地區發展，具有相當大的競爭環境，但不同大區域的整合，效果卻不佳。

（五）全球化矩陣組織(matrix structure)

　　全球性大企業如杜邦、雀巢、菲利普等，都已建構全球性矩陣式組織結構。由於這種組織類型可同時對垂直與水平，組織面上的溝通，同時接受產品部門與區域部門的雙重管制。儘管管理成本較高，溝通距離較遠，協調問題較為複雜，但這種組織結構方式，可以使公司提高效率、高品質、創新及快速回應銷售需求及顧客的能力，而使其經營活動具差異化。所以全球化矩陣組織的管理，儼然已成為國際企業發展所必須具備的基本能力。

（六）網絡式組織形態

　　將多國際企業的母公司以及其他子公司，視為一個網絡。這種組織結構適合面對高度複雜、環境不確定性高、規模較大的國際企業。

五、運用力資策略

　　子公司國際人力資源策略型態，如以一致性 (consistency) 和本土化 (localization) 兩構面區分國際人力資源策略，可將國際人力資源策略分類為以下四種類型：

（一）專特性人力資源策略(Ad Hoc Human Resource Strategy)

　　此策略同時具有低度一致性和本土化需求，通常只被出口導

向的公司所採用。其人力資源策略則視特定管理者和情況而定，
但當企業愈趨向全球化時，則較不可實行。

（二）分權化人力資源策略(Decentralized Human Resource Strategy)

此策略具有高度本土化，與低度一致性的需求，通常為國外
技術合資，或授權之企業所採用。

（三）全球性人力資源策略(World Wide Human Resource Strategy)

此策略則具有高度一致性，及低度本土化需求，這通常為特
許零售業、專業人員服務業和高科技產業所採用。

（四）傘狀型人力資源策略(Umbrella Human Resource Strategy)

此策略則同時高度重視一致性與本土化需求，對於人事政策
上和程序，都採用全球標準化的傘狀指導原則，同時國外分支機
構管理者，也可獨立自主決定員工的甄選、訓練、升遷等人力資
源管理活動。

子公司負責人與母公司負責人的關係，愈密切、愈良好，那
麼母公司授予子公司決策自主權，程度愈大、愈高。國內學者趙
必孝針對 100 家大陸台商，所進行的實證研究發現，國際企業若
能考慮當地特性，因地制宜，任用當地人才，授權當地子公司，
這對大陸子公司人力資源主觀績效（人才吸引力、工作士氣），
有極為正面的影響。反之，若一味追求僵硬的一致性，而忽略回
應本土文化的差異，勢將削弱國際企業的競爭優勢。

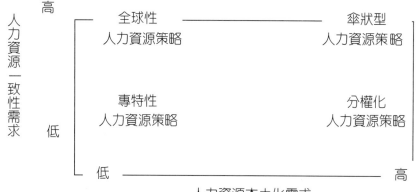

圖6-1　國際人力資源策略型態

資料來源：Sheth, J. V. & G. S. Eshghi (1989), "Global Human Resources Perspectives", South-Western Co.

第二節　國際企業人才招募

　　當世界變成「平」的，競爭者與自己站在相同的立足點時，招募所獲取的「人力資本」，是決定未來存亡的重要關鍵。一般來說，招募會根據人力資源規劃的結果，來擬定招募策略，其中包含吸引應徵者的方式、招募管道選擇、甄選方式等，依照職缺所需人才條件的不同，招募策略也會有所差異。除了企業的內部的因素外，地主國分公司在當地進行招募活動時，也會受到外部環境的影響，如產業特性、當地人才素質、法規等。

　　國際企業如何找到好的人才，是國際企業必須面的大議題。以鴻海集團為例，2012 年在中國大陸員工人數約 150 萬人，2013 年底人數已降到 100 萬人左右。2014 年鴻海在高雄招募大約

3000 人，台中 3000 人，新竹和竹南約 2000 人，土城招募 5000 人，內湖招募 2000 人。如此龐大的招募數量，一般來說，應採取多元的招募管道，較能爭取理想的人才效力。以下針對國際企業的人才招募，分四方面加以說明。

一、員工推薦

　　公司員工了解企業的文化，因此在推薦人才時，會推薦他們覺得合適的人。一般來說，請員工幫公司找人才，具有四項優點：第一，比起刊登廣告、透過人力仲介公司等徵才管道，由員工介紹的徵才成本比較低，而且可以縮短時間。第二，當員工推薦求職者時，對方通常都已從員工那裡，得知公司的情形，並且準備好轉換工作職務的心理準備。第三，根據美國俄亥俄州立大學的研究顯示，經由員工介紹僱用的員工，比透過其他方式僱用的員工，離職率低二五％，招募後留任的穩定度也較高。第四，用來登報與獵頭公司的成本，若能將這些成本，轉成禮券、現金、旅遊住宿券等方式，來鼓勵員工推薦人才，又能激勵士氣。

二、全球人才庫(Global Talent Pool)

　　全球人才庫裡面應該有職位專長分類指南，每個人可以透過裡面子項目的分類，像是技能、背景、層級等，填寫個人的履歷，填寫後即匯入資料庫，形成專才資料庫。建立全球人才庫的第一步是「定義人才」，擁有每個職位明確的工作說明、工作分析、跨區域的優劣勢等。而職位的工作說明，需持續的去做分析跟定義。第二步是，職缺訊息完整公佈於內外部；第三步是，迅速、全球同步的將現有員工技能、背景建檔。當需求出現的時候，就

能更快速且更大機率，找到適合的人選。

全球人才庫可分為現有員工與外部潛在人才等兩大區塊。不論是公司員工或者外部的應徵者，都可以進入進行工作機會的搜尋。就現有員工來說，人才庫也是員工發展與轉職的機會，將能促使全球人才庫的活絡。

三、產學合作

比起挖掘外部主管的成本來說，培養學生的成本就相對的低廉。所以國際企業若能透過在校園舉辦各種類型的創業競賽、提供合作研究的機會，不僅可以給學生一個學習成長的機會，公司也能從中觀察學生的創意與潛力，達到預先搶攻人才市場的目的。

四、挖角

三星電子從黑莓機挖角高階的行銷主管。2009 年，三星就來台挖角在台積電任職的梁孟松（擔任半導體首席研發主管），當時梁孟松就帶走不少台積電中階主管，據傳三星內部有 20 多名台籍研發工程師。

挖角這個議題，不僅涉及涉及策略，也同時涉及國際企業的倫理道德，應該慎重！

第三節　外派人員的報償制度

老祖宗在造「企」這個時，是「止」加「人」，也就是沒有人才，企業就停止發展。這個道理在國際企業就更為具體、明

顯！為了讓企業可以永續經營，國際企業在人力資源管理方面，千萬不要只是圖取當地便宜的勞動力，抱著撈一票就走的心態，必須盡早建立人力資源管理制度，尤其是報償管理制度。

　　從人力資源管理的角度來看，當企業準備開始在國外設立營運據點時，例如，在國際主要市場（如北美、歐洲、日本等）設立銷售及服務據點，在高端人才密集地區（例如：美國矽谷、台灣竹科南科、北京中關村等），設立研發設計中心，在原物料或半成品供應鏈密集處，設立採購中心（例如：香港、台灣），在人力及土地成本低的地區，設立生產製造基地（例如中國大陸、越南、墨西哥、東歐國家等），便必須開始思考跨國人才的報償管理制度。

　　為確保國外營運據點能得以順利營運，在國際化之初期，必須從母公司派遣高階經理人或工程師等外派人員 (expatriates) 到國外子公司，將母公司的管理制度與知識、營運的專業技術等移轉過去，並協助當地子公司經營發展。為此，公司必須確保擁有一批充足、移動性高及優秀的人力資源，以配合派駐至海外建立子公司及其營運。企業要如何打贏這場仗，駐外經理是關鍵！

　　卓越的跨國經理人，除應具備專業知識與技能、語言能力之外，還要具備五項重要的個人特質：（一）文化差異調適能力；（二）人際關係技巧或建立人際網路能力；（三）解決衝突能力；（四）樂觀取向；（五）容忍模糊的能力，這些均與駐外經理人海外適應有密切關係。而這些「跨文化適能」能力涵蓋，展現尊重、互動態勢、知識導向、同理心、互動管理、對模糊的容忍度等。對這些具有跨國經理人的能力與人格特質，必須有具誘因的激勵報償制度。所以公司首先要建立一套健全且有效率的駐外報

償管理制度，以確保員工有高度的派外意願。

　　若無重金激勵駐外經理離家遠赴海外，為企業打拼，顯然並不容易！因此駐外經理的報償，是非常重要的激勵措施。所以企業首先要建立健全且有效率之駐外報償管理制度，以確保員工有高度的派外意願。

一、海外派遣報償特質

　　駐外人員報償政策之目標，主要有五項：

（一）公平性

　　建立及維持一個公平、合理而有效的制度，使全體員工都能接受，並且樂於為公司效力。

（二）競爭性

　　能夠吸引和留住優秀合適的外派人才，並鼓勵人才接受海外派遣。

（三）成本效益

　　薪資報償政策應該能夠幫助企業，以最具有成本效益的方式，在國際間調派員工。

（四）策略性

　　報償政策應配合企業整體的策略、結構以及業務需求。

（五）激勵性

　　能夠激勵外派員工努力工作、善盡職責。

二、薪資給付標準

　　駐外人員的報償結構中，薪資給付標準及給付方式，大致概分為五種：（一）按母國薪資加成給付，單一薪給中已包括國外服務特殊給付或生活補助津貼等；（二）保持原有母國基本薪給，另外核算國外服務津貼或生活補貼或生活補助津貼等；（三）保持原有母國基本薪給，另外核算多種特殊給予，可能包括海外津貼、生活補助津貼，以及其他各種補助給予，以使員工能應付當地一切開支；（四）保持原有母國基本薪給，再加上派駐地之薪給；（五）按派駐期間長短而決定。

三、駐外人員報償內容

　　為了保留住具競爭力的人才，國際企業通常會考量地主國的薪資水準。所以派外人員的報償內容，應該涵蓋以下六項：

（一）基本薪資

　　依雙方合意約定。

（二）海外工作加給

　　為鼓勵外派順利，增加基本薪資的 10 到 50%，作為外派加給。

（三）艱苦獎勵金（辛苦津貼）

　　補償在艱苦地區工作者，以基本薪資的 10-25%，作為艱苦獎勵金。

（四）所得稅支付補助

　　針對母國及地主國重複課稅的問題，母公司應給予補助。

（五）津貼

應涵蓋返鄉探親的機票補助、生活津貼（維持與在母國時相同的生活水準）、房屋津貼、子女教育補助 (education allowance)、搬家津貼(relocation allowance)，及可能生病的醫療津貼。

（六）福利

社會福利保險、退休金計劃、旅遊等。

四、海外派遣福利

合理保障外派人員的權益，提高被派遣的意願。針對母公司海外人員的派遣與回任制度，有以下六大應注意的面向：（一）海外派遣人才需考量，當事人家庭生活、子女教育、海外意外保險等福利措施；（二）海外派駐地公司得提供食宿及海外津貼於外派人員；（三）設定返國休假探親時間；（四）職務變動的相關規則；（五）薪資調整依據，應視當地物價與經濟狀況，調整派外薪資與津貼；（六）海外派遣人才之回任，不但尊重當事人的意願，而且也有特殊優待。若公司並未做回任的承諾，外派人員的安全感，就會受到影響。

國際化越深的國家，對於海外派遣者的權益，大多會有所保障。譬如，國際化甚深的日本，對於企業海外派遣制度所立的派遣法，保障了外派人員在派遣過程中的權益，尤其是年資的計算與承接。至於中華民國對於海外派遣，目前雖無專門的法令規範，但未來也要注意政府對派遣勞動的可能規範。

五、建立回任制度

回任制度最重要的目的，就是避免外放的人員回母公司後，沒有一個較「佳」位置來安置，而原來當時未外派的人員，反而在國際企業中升官且位居要津。國際企業若能有完善的回任制度，就有助於提高外派人員為企業賣力拼命，以及相關的績效。對於歐美日等國際企業而言，由於長期的國際化營運與經濟規模夠大，因而在公司內的職務成長與歷練的機會較豐富，在海外派遣制度方面也較完善。

國際企業在回任制度的方面，建議由以下四方面，來協助外派人員。

（一）簽訂調任回國協議(write repatriation agreements)

許多企業採用調任回國協議，譬如美國聯合碳化物公司(Union Carbide)，以書面保證外派人員不會留滯於國外太久，且回國後有一份「可接受」的工作可做。

（二）指定保證人(assign a sponsor)

員工應被指定一位保證人，例如母公司的協調管理者，而此人要在外派人員出國時間照顧他，諸如：告知他母公司發生的重大事件，督導他的職業性向，以及當外派人員預備回國時，將其列入重要職務的考量人選。

（三）提供職業諮詢(provide career counseling)

提供正式的職業諮詢服務，以確保歸國者的工作符合他的需要。

（四）開放地溝通(keep communication open)

　　提供世界各地的管理會議，及定期安排外派人員回國開會，才不致與母公司發展脫節。

第四節　解決人才外派的障礙

　　國際企業常見的問題是，曾經為公司表現優秀的人才，卻無法勝任國外的工作。為什麼會出現這樣的問題呢？主要是因為複雜工作、文化差異、遠離親人的孤獨感、外派人員回國發展困難、小孩與配偶的犧牲，這些都是人才外派實質與心理的障礙。這些障礙會造成三種特殊現象，一是喪失自己在原本文化環境中，原有的社會角色，因而造成情緒不穩定；二是價值觀的矛盾和衝突，尤其是母文化的價值觀與異國文化價值觀相抵觸時，所造成的調適困難，甚至無所適從；三是不同的生活方式、生活習慣，自己或家屬難以適應。這些問題若不能及時有效的解決，就有可能使國際企業功敗垂成。

　　比較常見的外派障礙有七項，這七項是：（一）駐外人員的配偶，無法適應當地的社會文化環境；（二）駐外人員本身無法適應，當地的社會文化環境；（三）其他有關家庭之相關問題；（四）駐外人員的人格或心理不成熟；（五）駐外人員無法承擔海外工作上的重責大任；（六）駐外人員缺乏工作上的專業技術能力；（七）駐外人員缺乏在國外工作的意願。事實上，外派任務的失敗 (expatriate failure)，是一個長期困擾國際企業的問題。在已開發國家的外派失敗率 (expatriate failure rate) 為 25%

到 40%，但是在開發中國家公司更高達 70%。一旦失敗，其成本不但包括了許多直接成本（薪資、訓練、旅費等），更包括了許多高昂的間接成本（如失去市場佔有率、破壞和當地政府的關係、因當地員工不滿造成生產力下降）。

為避免這些失敗，國際企業應在四方面，進行努力。

一、建立遴選標準

在遴選外派人員時，應注意外派人員，是否具備以下這些遴選標準。這些選擇標準包括：派駐人選的個性（如跨文化的適應能力、靈活度與人際關係）、技能（如專業能力及語文能力）、態度（如確定個人的外派對公司有貢獻、能實現自己的人生目標）、動機（如對海外工作的強烈意願）、行為（如能否自我約束），以及個人原因（如雙薪家庭、子女教育問題、女性員工海外就業問題）和環境因素（如感覺到難以適應某一特定文化環境）等。

二、跨文化培訓

跨文化差異是企業國際化營運過程中，人力資源管理所必須克服的障礙。以國人到大陸投資為例，由於台商認為兩岸同文同種，語言相通，用台灣國語就可以溝通，而誤以為身在台灣，反而疏忽了應有的戒心。常將「台灣管理模式」及「台灣管理經驗」，照搬到大陸去使用，而忽略了兩岸文化背景的差異、社會制度的差異、思考模式的差異，與價值觀的差異。因此，這種「什麼攏不驚」、「向前走」的心態，造成台商在大陸投資所發生的問題或糾紛，往往比在其他地區多。

如果在跨國企業的營運團隊，是來自於全球各地，不同國家文化背景的人，共同負責專案的規劃及執行。隨著國際化程度的加深，可能就有越來越多的不同人種、不同膚色、不同文化背景的人在一起工作。彼此可能的摩擦與誤會，相對也會增加。要如何解決這樣的問題呢？跨文化培訓是解決文化差異，重要而有效的手段。

培訓國際化人才應先確認跨文化培訓的目的，其次是培訓課程，最後是培訓重點。

（一）跨文化培訓的目的

跨文化培訓的目的是，使員工了解各國不同的文化，並學會尊重各自的文化，化解日常工作中因文化差異而引起的危機。對一般員工和管理者進行跨文化培訓，最終是要讓他們能夠不帶有任何成見地觀察和描述文化差異，並理解差異的必然性和合理性。

（二）培訓課程

培訓課程的考慮，應以國際化策略、課程內容及次序為主。外派人員跨文化適應培訓分成 3 個階段，分別是：(1) 儲備外派與行前跨文化適應培訓；(2)外派期間的培訓；以及(3)回任培訓。

（三）培訓重點

(1) 知識提供方式

包括：東道國和地區的文化，和相關知識講座、跨文化理論課等。①培訓方法：培訓往往通過授課、電影、錄影、閱讀背景資料等方式。②培訓目標：提供有關東道國商業，和國家文化的背景資訊，以及有關公司經營情況等。

(2) 情感方式

目的是培養有關東道國，文化的一般知識和具體知識，以減少民族中心主義。①培訓內容：文化模擬培訓、壓力管理培訓、文化間的學習訓練、強化外語訓練等；②培訓方法：案例分析、角色扮演、主要跨文化情景模擬等。

(3) 沉浸方式

培訓一般在東道國進行，與東道國有經驗的經理會談。①培訓內容：跨文化能力評估分析、實地練習、文化敏感能力培訓等等。②培訓目標：能與東道國國家文化、商業文化和社會制度和睦相處。

三、培訓案例

（一）飛利浦

飛利浦的甄選條件有四：(1) 具潛力；(2) 語文能力；(3) 溝通能力；(4) 學歷與工作績效。至於外派人員培訓則包括，參加國外課程訓練、專案或座談會；派外前提供短暫，但非正式跨文化調適訓練；與回任人員經驗分享；建構家庭互助網。

（二）德州儀器

德州儀器的甄選條件有三：(1) 績效表現；(2) 語言能力；(3) 意願。至於外派人員培訓則包括，結合公司發展與員工生涯規劃，參加國際行前研討會，外派前提供派駐地旅行，回任者介紹當地文化。

（三）宏碁電腦

無論是內部甄選與外部招募，宏碁電腦的甄選條件有四：(1)

專業能力；(2) 國際視野；(3) 溝通能力；(4) 跨文化調適能力。
至於外派人員培訓則是國際化人才培訓體系最完整的標竿企業，
外派訓練分成儲備、行前、駐地，與回任訓練，並發展導師制度。
其中最特別的是，還有所謂的「土龍計畫」：每年送高階主管到
國外大學短期進修 2 週到 1 個月。

（四）鴻海

　　鴻海訓練的特色是：(1) 運用訓練管理系統，及線上學習平
台，使教育訓練流程化、簡單化、合理化、標準化、系統化、資
訊化、網路化；(2) 強化管理能力：依照不同管理階層的管理需
求，並參考同仁需求及人格特質評估，為不同管理階層，量身訂
作屬於自己的管理才能、發展的訓練；(3) 名人講座：公司會邀
請各領域，知名的成功人士蒞臨公司演講。暢銷作家吳若權、
EQ 專家張怡筠博士、策略大師湯明哲教授、談判權威劉必榮教
授。

四、其他影響外派績效的議題

　　許多學者皆認為績效 (performance)，是對組織目標達成程
度的一種衡量。影響外派績效的，還有三方面可努力的。一是母
公司國家文化的形象與地位，如果地位較優者，地主國的接納程
度必然較高，對於海外派遣的政策與人員的適應也有較正面的影
響；二是企業在技術與品牌、知名度、國家形象是否具有相對優
勢。具優勢者，會增強外派人員被當地接納與績效表現；三是母
國與地主國在企業環境與生活差距，若母公司完善的派遣制度與
支持，會大幅降低兩地差距的負面影響。以中國大陸來說，正因

為這三面處於劣勢，所以有些中國企業的海外員工，2 年內的離職率，據非正規的統計，竟高達 70%。換言之，現在招 10 名外籍員工，2 年後，只剩下 3 個。這種現狀的主要原因是，中國企業外派經理缺乏跨文化管理能力，公司總部又缺乏系統支援，外籍員工缺乏對中國文化、中國企業的認同感。

第五節　國際人才的管理

在經濟全球化的時代，許多企業經營者已意識到，未來將是「人才爭奪戰」的時代，企業要能搶到最優秀的人才，才有機會成為贏家。面對瞬息萬變的全球經營環境，國際人才是重要的關鍵！管理國際人才的複雜度，遠比單一地區或國家的人才管理要高出許多，因此需要更周密的制度設計，才能達到管理成效。

一、掌握高階人才的期望

全世界都在搶一流人才，但要如何擄獲人才的心？有些企業覺得以重金禮聘，即可抓住人才，有些企業用快速成長舞台與願景來吸引人才，然而，人才重視的，真的只有這些嗎？其實第一流的頂尖人才，深思是否值得加入這個國際企業時，除了預先蒐集資料，並在業界打聽消息之外，更從雙方接觸的第一分鐘，就開始開始評估觀察，這家企業的道德與文化、經營理念、CEO 領導統御的風格，甚至連面談的時間、地點、方式、跟誰面談等，都是評估重點。

台灣企業招募日籍人才時，發現大部分的候選人，都會要求

企業繼續支付日本的年金保險。更有一些日籍人才，希望由日本分公司聘僱後，再用長期出差等方式，來台或是到大陸工作。主要的原因就在於，不希望保險中斷及將來的請領金額會受到影響。另外醫療體系是否完備，以及是否有海外保險等，也都是日籍人才關心的重點項目。

二、「選訓用留」要配套整合

儘管很多國際企業都清楚「選訓用留」的重要性，各方面單點做得很好，但欠缺「整合性」的做法，以致於培育人才卻留不住。譬如，在招聘環節，為了吸引員工的到來，開出了種種優厚的待遇，但是人才進入了企業後，又由於種種原因，企業無法達成之前的許諾。或者是績效考核的方法，又與人才保留的政策無法一致；或者又是其他的原因，引起新員工的利益得不到政策的實際確認。

三、認股選擇權誘因

企業可設立的薪酬委員會，專門負責認股選擇權的規劃，或聘請熟悉當地薪資制度設計，及激勵制度設計的顧問，共同參與規劃。所謂認股選擇權，是一種使公司業績和報酬連動誘因的報酬制度。亦即公司給予高階主管和員工，得以預定的價格（權利行使價格），在將來預定之期間內（權利行使期間），買進預定數量之本公司股份之權利之制度。因此對員工有刺激提升公司業績的誘因，及確保吸引留住新創 (venture) 企業人才之效果。

四、尊重文化

　　企業要從世界各地網羅人才，就要尊重不同文化背景的員工，制定不同的管理辦法，例如：穆斯林的齋月不會被安排過量的工作；來自東亞的員工，會獲得到春節長假；阿拉伯員工的家屬津貼，也許會根據員工的妻子數量來確定。對文化的尊重，不一定只有對高階人才，其實對一般員工或外勞，也應該本此精神。所以國際企業的管理層，也應主動聽取前線員工對公司營運及管理的各種意見，是否與其文化有所矛盾。這樣一方面可讓管理層從前線員工，去了解市場的狀況及員工所面對的困難，作出改善措施。另外，更可通過讓員工的意見表達，以及參與到公司的策略發展，令他們感到公司尊重他們。員工所提出的各項意見，間接提升員工對公司的歸屬感。

　　目前有愈來愈多的台商，到大陸利用其高科技人才進行軟硬體開發。然而，高科技人才的管理，隨著身價水漲船高，跨國企業競相高價挖角，造成辛辛苦苦培養的人才大量流失！而且員工的創新精神和忠誠度愈來愈差，員工只熱衷於利潤的分享。要克服此一問題，除前述的重金禮聘外，還可透過推動軟體 ISO-9001，將軟硬體開發作業標準化及模組化，來減少倚賴，同時企業亦應將資深研發人員的智慧，及問題對策的解決等，建立「研發知識管理系統」，以利新進人員的訓練，防止人才突然的斷層。此外，也可透過將軟體外包的方式，以減少高級人才的不足。企業只要能挑選合格的軟體外包人員，並做好軟體外包人員的管理，企業只負責最後軟體的整個測試，相信可以提升軟體的開發速度，亦可降低高科技人才突變的危機。

第六節　國際人力資源管理的道德

　　一個公司要走國際化，必須要有正派經營的道德觀念。人力資源管理者是國際企業的心臟，而人力資源管理的道德，又會影響整體企業的走向，因此，一定要講道德！基本上，國際人力資源管理的道德，大致應該有下列七大類：

一、人力資源決策道德

　　決策是領導的靈魂，也是領導過程中，最核心的成分。因為企業的盛衰，都在於領導人的決策。很多時候老闆決定了，但如果這件事情明知道是錯的，身為人力資源部門的主管，卻因為自己沒有道德勇氣去提醒老闆，這是他個人失職。要對得起自己的良心，聽不聽那是老闆的問題，如何下決定，那是老闆的決策，但提出具良心的人資建議，則是人資分內的責任。不過在溝通時，當然可以有一些溝通的技巧，讓老闆更能接受具道德的人資建議。

二、建立組織制度道德

　　當國際企業內部倫理不彰，道德規範不明時，員工就找不到企業存在的意義和榮譽感，同時組織成員很容易認定，「我們企業是缺德的」。對於一個講求倫理、重道德的員工，此種認定對其自我概念將是很大的衝擊！所以對這家國際企業無法認同，是可以預見之事，而離開也屬必然。但是，對於一些道德標準原本就較低的員工，看見國際企業低道德的表現，反而是符合其原本

的自我概念，因而對企業並不會有不認同的情形發生。長此以往
的結果，就會發生反淘汰的現象。道德標準高的員工，無法認同
而離去，道德標準低的，則樂在其中！可想而知，組織在外的形
象，是多麼的惡劣，這對於後續招募優秀的員工必然產生障礙。
此種結果終必對組織產生莫大的傷害，所以人力資源必須要做的
事，就是建立組織的良心！

三、招募道德

　　法律是道德的最低標準，在招募道德上，在我國所應恪遵的
根據是，民國 101 年 11 月 28 日公布的就業服務法的規定（第五
條）。事實上，將心比心，外國的勞工也是人，所以就業服務法
的精神，我國企業在海外招募員工，是可以適用的。該法特別強
調，雇主招募或僱用員工，不得有下列情事：

　　　　（一）不實廣告或揭示；（二）違反求職人或員工意思，留
置其國民身分證、工作憑證或其他證明文件，或要求提供非屬就
業所需的隱私資料；（三）扣留求職人或員工財物，或收取保證
金；（四）指派求職人或員工，從事違背公共秩序或善良風俗等
工作；（五）辦理聘僱外國人之申請許可、招募、引進或管理事
項，提供不實資料或健康檢查檢體。此外，也不可以有就業歧視，
或以種族、階級、語言、思想、宗教、黨派、籍貫、性別、婚姻、
容貌、五官、身心障礙予以歧視。

四、工作環境道德

　　偶發的意外事件、不安全的工作環境、不安全的工作機具
與設備、不安全的工作行為，都可能釀成各種職業死亡與受傷

(Job-Related Deaths and Injuries)。其結果不僅使員工傷亡，更是組織在經濟上的虧損、家庭的悲劇。不良的工作環境，是直接造成職業災害、員工生命與財產損失的關鍵。為避免組織與家庭的悲劇，資方應提供安全的工作環境和工具設備，以及相關要求勞工遵守的安全手冊，使勞方遵守工作紀律和流程，這是工作環境的道德。

五、職務要求的道德

由於工作機會越來越少，大家都會很珍惜得來不易的工作。但資方不應藉此而有剝削員工血汗的要求，造成員工過勞。所謂的「過勞」，是指工作負荷過重，超過體能所能負荷的範圍，而損及員工的健康。

六、建立職業道德(Professional Ethics)

狹義的職業道德，是指某些工作職位的人員，而對於該項職務有特別的要求，以符合消費者的利益。廣義的職業道德，則是指在職場上的每一個工作者，都有自己在個人崗位必須遵守的標準與規範。如果人資部門能將目前職業道德表現在公司的管理制度規章中，使企業員工在職場中，知道哪些行為會被獎勵、哪些欠缺職業道德的行為會被處罰。如此則能導引員工的職業道德，自覺的遵守規定，同時也能降低職場內的衝突與委屈。

日劇半澤直樹說：「整我的人，我將百倍奉還」金句，這是職場飽受委屈的發洩。根據 1111 人力銀行的調查，高達 7 成 8 的受訪者，認為職場鬥爭是必然的。但當遇到職場鬥爭時，4 成 3 正面迎擊，但僅 3 成鬥「贏」；5 成 7 的上班族，仍是選擇隱忍

或退縮。所以建立職場道德，不只對消費者有利，對於職場的衝突，也會有降低的作用。

七、裁員與資遣的道德

　　國際企業為追逐利潤，移進移出是很自然的事。尤其當環境變化、無利潤可圖時，移往要素稟賦更廉價等地，這是司空見慣的事。但是在關廠、歇業時，國際企業不應惡性倒閉，暗地裡把資產移轉到海外，再起爐灶，卻對當地服務公司多年的員工，應領的薪資、退休金和遣散費，都沒有著落，因此引發激烈的抗爭行動。這些都是涉及到裁員與資遣的道德。

問題與思考

　　一、國際人才的類型，依地域可分哪些類型？
　　二、國際企業的組織結構，有哪些重要類型？
　　三、透過員工幫國際企業來找人才，會有哪些優點？
　　四、跨國經理人應具備哪些重要個人特質？

問題與思考 (參考解答)

一、國際人才的類型，依地域可分哪些類型？

答 國際人才的類型，大致可依地域分成三種：（一）母國人才 (parent-country nationals)；（二）地主國人才 (host-country nationals)；（三）第三國籍人才 (third-country nationals)。

二、國際企業的組織結構，有哪些重要類型？

答 一般而言，國際企業的組織結構，大致可區分為六大類：
（一）國際事業部 (international division structure)；（二）
全球功能別組織；（三）全球化產品結構 (worldwide product division structure)；（四）全球化區域組織 (area division structure)；（五）全球化矩陣組織 (matrix structure)；（六）
網絡式組織形態。

三、透過員工幫國際企業來找人才，會有哪些優點？

答 透過員工幫國際企業來找人才，會有四項重大優點：第一，
比起刊登廣告、透過人力仲介公司等徵才管道，由員工介
紹的徵才成本比較低，而且可以縮短時間。第二，當員
工推薦求職者時，對方通常都已從員工那裡，得知公司的
情形，並且準備好轉換工作職務的心理準備。第三，根據
美國俄亥俄州立大學的研究顯示，經由員工介紹僱用的員
工，比透過其他方式僱用的員工，離職率低二五％，招募
後留任的穩定度也較高。第四，用來登報與獵頭公司的成
本，若能將這些成本，轉成禮券、現金、旅遊住宿券等方
式，來鼓勵員工推薦人才，又能激勵士氣。

四、跨國經理人應具備哪些重要個人特質？

答 卓越的跨國經理人，除應具備專業知識與技能、語言能力
之外，還要具備五項重要的個人特質：（一）文化差異調
適能力；（二）人際關係技巧或建立人際網路能力；（三）
解決衝突能力；（四）樂觀取向；（五）容忍模糊的能力。

Date _____ / _____ / _____

第七章　國際企業的研發創新管理

學習目標

Google的研發，還會有錯嗎？

2013 年 Google 推出研發的「Google 眼鏡」(Google Glass)，在 2014 年 4 月的時候，則透過市調機構 Toluna 進行一項訪問調查。在訪問過 1 千位民眾後，發現 72% 美國人，表示為了顧及隱私與安全，並不會配戴「Google 眼鏡」，40% 擔心該產品，易遭駭客入侵，而有資料被竊風險；30% 的人，擔心在公共場合配戴過於高調，易成為被搶劫的目標。所以投入龐大經費進行研發，是不是一定會有市場的好成績？像 Google 這樣國際級的大公司，研發還會有錯嗎？

第一節　國際企業研發動機

　　遊戲橘子上櫃 11 年，董事長劉柏園努力的目標，就是要成為遊戲產業的國際營運商。然而，兩次的國際化大挫敗，核心問題都是遊戲產品自主研發不夠力。2003 年遊戲橘子大舉進軍日本失利，最主要的原因在於沒有自製遊戲產品，而是以代理的產品打前鋒。再加上當年的 3D 遊戲還不成熟，遊戲橘子錯估情勢，這一步錯棋，讓遊戲橘子連虧三年。2008 年，劉柏園揮軍至美國、歐洲及中國大陸等市場，又因自製遊戲的產品力不足，再度敗北。最近手持式的行動裝置普及，造成許多以電腦平台為主的遊戲公司都出現危機，虧損者不在少數，遊戲橘子也在其內。

　　再看另一個例子，蘋果在眾多品牌包圍下，卻透過研發創新，推出 iPad 和 iPhone 後，立即拉開了和筆記型電腦及智慧型手機的差距，開創了破壞式創新。兩年間，惠普、諾基亞、戴爾，市場佔有率立即大幅滑落，而蘋果則逆勢突圍。隨著資訊產品製造技術進步，導致產品生命週期日益縮短，國際大廠在面對生產產品生命週期的縮短，研發創新是必然之路。

　　中華民國受限於土地與資源，長期以來的經濟發展，都需要透過進出口貿易來維持，對外出口佔國內 GDP 六成左右。以出口為導向的台灣，很容易受到國際環境情勢的變動而影響國內廠商的獲利能力。所以透過研發能取得差異化的優勢，也能充實品牌的內涵。但為什麼要研發國際化呢？為什麼不能在本國研發呢？顯然有一些極為特殊的動機，使其不得不然！

　　儘管企業所考量的因素不盡相同，但一般來說，國際企業在

海外設立研發中心的決策過程，必然會綜合考量本身的條件及狀況 (conditions)，以及衡量可得到的益處，進而產生研發國際化的動機 (motivations)，甚至可能碰到某些事件的刺激，進而實踐研發國際化的理念。一般來說，國際企業海外研發的動機，可歸類成六大類：

一、國際企業認知

　　無論國際企業的產品或服務有多好，如果無法持續讓顧客感到驚艷，那麼競爭優勢將無法持久。因此，國際企業必須提升研發創新能力，以及掌握市場的真正需求，而研發出市場的新發明，已成為生存的必要。譬如，蘋果公司 (Apple Inc.) 的賈伯斯，每年都會固定召集一次的秘密會議，集合他認為最重要的 100 位高級幹部或員工，共同談論未來的計畫，並可搶先目睹蘋果最新產品。

　　日本 7-Eleven 之父，也是繼松下幸之助之後，被稱為日本「新經營之神」的鈴木敏文，有一次到美國，看到了由美國南方公司，所經營的便利商店 7-Eleven，一家兼賣飲料、生活日用品的小店。那時 7-Eleven 在美國已經開了四千家店。可是當時在日本國內，傳統小商行正因生計受到大型商場的威脅，並採取了激烈的抗議行動。鈴木敏文看到 7-Eleven，就認知到便利商店是傳統商行與大型超商業者，共存共榮的模式，因此決心引進 7-Eleven。

　　國際企業能夠正確認知，並即時採取正確的行動，領導人的角色非常重要。譬如，當母國研發人員不足時，而海外適合的人員卻充沛，甚至非常的廉價，如早期台灣神達、大眾等台資企業

的領導人，就決定在大陸設研發中心，其著眼即在此。

二、國際競爭

　　全球產業變遷過於快速，產品研發的速度，已成為競爭致勝關鍵。若能透過海外研發成果，並快速將研發結果應用到不同領域，開發新產品，則可保持在母國及全球市場的競爭力。為了在國際競爭中佔據制高點，拓展國際市場，國際企業改變傳統的研究開發模式，紛紛在東道國建立研究開發中心，並加快其本地化步伐，這都是著眼於國際競爭的角度。因為企業若能僱用海外高技術人才，來取得各個市場獲得創新的構想，以及藉由在各地的研發單位，來掌握當地的技術發展情況。這對於國際企業的永續經營，是有重大的幫助。

三、市場動機

　　企業的國際研發，能反映市場需求，獲取當地科技能量，並達成最適當的技術移轉，以供應在地市場所需。歸納國際企業海外研發，其中屬於市場的動機，包括接近生產、行銷及配銷，當地經濟及自然優勢、改善在當地的形象、適應當地的生產流程、顧客專門的發展、接近領先的使用者、當地的購買力，及接近當地市場及顧客等，這些都是為什麼要在當地國進行研發的市場因素。目前在全球競爭環境中，企業產品研發面臨上市時間縮短、成本與風險增加、科技人力流動性增加等多重壓力，過去封閉式的創新模式，企業集中式的研發，已無法有效提供當地的技術需求。企業為了反映市場需求的速度，為因應環境面及需求面的快速變化，因而必須設立海外研發據點。

此外，為對抗運籌障礙，爭取國際市場，也會吸引國際企業設立研發中心。譬如，<u>美國</u>因為藥品市場的自由價格制度，使得瑞士的許多大型藥廠，紛紛將研究放在<u>美國</u>。由此可以得知國際企業研發活動，會受該地市場環境所影響。

四、技術動機

　　為獲得海外市場獨特技術、人才、聚落優勢、當地的科學技術社群，與學術研究合作的能量，因而前往海外設立研發中心。

五、政策動機

　　能夠配合當地政策，促進當地發展與業務所需，以爭取當地國政府的支援，譬如：稅賦優勢、投資獎勵等租稅的誘因，這些都可列為國家特殊的成本優勢。舉例來說，根據我國產業創新條例，國際企業在台灣投資的一些研發費用，可以得到投資減稅的優惠。

　　但從政治或社會文化角度觀察，母國的法律限制、對抗保護主義的障礙、當地社會及和諧的勞工關係等，也都可能成為國際企業考量的因素。

六、策略動機

　　透過選擇最適的地理區位，減少開發失敗的風險、時差的運用，以做為未來研發的基地。或是因母公司的購併，或母國競爭者的威脅與壓力，都可能選擇海外研發據點。

　　企業研發國際化並非近幾年才開始，實際上，自 1980 年代之後，國際企業為滿足海外各地的研發新需求，即開始思考設立

境外研發中心的可行性。1990 年代以後，包括以色列、芬蘭等，都鼓勵企業進行研發國際化，希望藉此提升該國在科研上的競爭力。在最近十年間，研發國際化的趨勢，不僅在加速進展，同時也產生明顯質變。例如：以往國際企業的研發活動係以已開發國家為重心，但近幾年來已有跡象顯示，其逐漸由已開發國家轉向開發中國家。中華民國要突破產業的瓶頸，研發創新是必須大力投入的。

第二節　國際企業研發據點的考量

　　90 年代後，隨著經濟全球化迅速發展和國際競爭的日趨激烈，一些大型國際企業為適應世界市場複雜性、產品多樣性，以及不同國家消費者偏好的差異性，同時為充分利用各國科技資源，以降低新產品研製成本和風險，一改以往以母國為研發中心的傳統佈局，而是根據各國在人才、科技實力，及科研基礎設施的比較優勢，在全球範圍內佈局科研機構，以從事新技術、新產品研發工作，進而促使國際企業研發活動朝著國際化、全球化方向發展。

　　目前「研發」已是一條不得不走的路，管理大師彼得・杜拉克曾說過：「不創新即滅亡！」(innovate or die)，一語道出，研發創新，才是企業能不斷超越對手、永續經營的王道！所以近年來國際企業研發愈來愈積極，遍佈的國家或地區也愈來愈廣。但是在選擇海外研發創新據點或設立研發中心時，究竟應該要考量哪些因素呢？

一般而言，設立國際研發單位須考量的因素有，研發據點的產業群聚，當地研發人才的質量供應，研發據點的功能與角色，能否修正產品以更符合當地市場所需，或真正從事基礎創新的研發。

一、地主國的條件

　　國際企業在設置國外的研發中心時，應考量地主國存在產業哪些條件？

（一）地主國的生產經驗

　　該產業是否在地主國發展良好，是否累積了相當程度的生產經驗與銷售經驗。如果地主國有相當的生產經驗，在研發過程中，較能掌握在生產上的主要問題，且較有能力解決突發的事件，對於技術改進亦較能有貢獻。那麼地主國顯然必須具備重要條件，才值得國際企業投入！

（二）地主國的銷售經驗

　　地主國是否累積長久的銷售經驗，這關係到研發人員在設計時是否能掌握銷售上的問題，如通路設計、消費者對產品品質與功能新的要求，與對產品的批評與指教等，這些都可作為研發新產品或新技術的參考。

（三）地主國研發實力

　　地主國本身的研發實力與資源愈豐富，那麼國際企業研發失敗的機率，相對就會比較小。資源不僅是有形的如土地、能源及原料等，更重要的是知識或是人力素質，以及優質充沛的研發人力。如此，國際企業就可近利用當地研發資源，並與研發機構建

立分工的網絡，以降低研發所可能遭遇的風險。

（四）地主國獎勵優惠政策

因研發活動可以降低當地失業率，提升技術水準等優點，所以許多國家的政府都會提出獎勵政策，以吸引國際企業的研發投資。所以地主國的獎勵優惠政策，應一併納入考量。

舉例來說，2014 年鴻海集團投資千億，在台中港建立國內最大機器人研發中心與生產基地，最主要就是因為台中港已納入自由經濟示範區，而且在兩岸直航又扮演重要平台，未來進口半成品在此組裝再出口，又可享有前店後廠及減免關稅、貨物稅等優惠，將有利於集團全球佈局。

二、產品發展當地化

由於世界各國語言、文化、風俗與民情均大不相同，對產品功能與品質的要求也各異。因此能否就近服務國外的客戶，使產品得以順利滿足當地市場的需求，就成為國際企業考量海外設立研發據點時重要的評估。

依據美國產品發展管理協會 (PDMA) 的調查，新產品開發的平均失敗率，高達 41%，另根據尼爾森行銷研究顧問公司 (Nielsen BASES) 和安永會計師事務所 (Ernst & Young) 的研究調查發現，美國開發新消費產品的失敗率，高達 95%，而歐洲新消費產品的失敗率，也高達 90%。新產品開發失敗，大部分原因不是技術能力的問題，而是不符合目標客群的真正需求。為什麼不符合目標客群的真正需求？產品開發策略錯誤、產品未符合目標市場，行銷策略規劃不當！所以市場的考量、產品發展當地

化，也是國際企業研發據點的重要考量。

　　有學者針對美、日多國籍企業海外研發據點選擇進行研究，指出地主國的國內市場規模，和因參與區域貿易同盟所能擴大市場的潛力，這些都是國際企業在當地成立海外研發單位的主因。因此希望藉由當地研發單位的設立，以及接近市場之便利，支持進行產品當地化研發任務。

三、跨領域人才豐沛與否

　　企業在全球競爭激烈的環境驅使下，必須更快的激發創新，並迅速發展可商品化的產品與服務。然而，所必備的知識領域，已非過去僅靠單一的領域知識就能解決的，而是必須結合數個跨領域的人才來進行。因此預定設立研發據點，跨領域人才豐沛與否，就成為評估的考量點之一。

四、地主國優惠政策

　　研發是高投入、高風險的經濟活動，廠商進行研發行為通常仰賴資金、人力與設備大量投入，但研發卻未必有一定成效，其成敗關鍵因素中，研發環境的良莠佔有相當程度的影響。若地主國能維持良好的研發環境，加強對國內智慧財產權的保障、專利權制度之健全、並提供足夠所需的水電等能源，與提供投資租稅減免等優惠措施，國際企業則可抓住此趨勢，順勢而為。以利國際企業對於市場的掌握、產品開發之效能，與技術發展趨勢中保持優勢。

五、重視產業群聚效應

　　國際企業對外投資廠商選擇的區位，均有地理集中的考量。為什麼會有這種現象呢？主要是因為廠商藉此掌握技術發展的進程，享用當地研發優勢。由於廠商的聚集，彼此藉由生產／研發分享外溢效果，將可產生「滾雪球」的優勢。譬如，北京的中關村、上海的張江工業園區、我國的新竹園區，均代表著外資在當地生產／研發，形成區域聚集效果的典型例證。以我國的新竹科學園區為例，鄰近清華大學、交通大學等理工見長之學術機構，並接近政府成立之研究機構——工業技術研究院，因而形成吸引國際企業研發的重要據點。有研究指出，美、日等國際企業，在選擇海外研發據點時，豐沛的研發人力，是有效地吸引國際企業的關鍵。我國至大陸設立研發中心，也有類似的現象。

六、母國公司溝通與協調成本

　　國際企業是否於地主國進行研發，取決於與企業總部之協調、監督與溝通成本 (communication costs) 水準，因而促成有效整合跨國研發任務，對於國際企業競爭力的提升，是相當重要的關鍵。唯有良好的溝通與協調，才能使企業的目標與其作為一致。假若研發據點與企業總部，溝通與協調成本太高，造成溝通不良、上下不一致，如此在當地進行研發，反成為國際企業的包袱。

　　國際企業將研發活動擴展到海外市場，除為能夠快速反映地主國市場的需求外，同時亦考量本身在全球市場的佈署，與地主國的科技水準，而設置不同類型的海外研發單位，進而投入質與量均異的研發資源。這類海外研發單位的設置動機大致可歸納

為，母國科技優勢的擴展，與地主國科技優勢的利用。

第三節　國際研發系統的改善

　　要生產一部新型的汽車，企劃部門必須作市場調查，對於產品的功能、市場的定位、售價的定位、產品生命週期作出明確的決定後，交給研發與設計等部門。此時設計部門必須定出材料規格、零件規格、製造規格、產品規格、製作模型、設計詳細圖、技術試作，這時候 CAD（電腦輔助設計）扮演重要的角色。然後完整的工作圖與零件明細表便出爐，正式進入量產的階段。

　　製造部門開始作生產規劃、流程排定、品質控制、物料管理、產能規劃。在一個汽車製造部門的生產線上，必須把沖壓廠、車身廠、引擎廠、塗裝廠、組立廠的生產流程作一詳細的計劃，使人員與材料，都能在預定時間內完成一部汽車。汽車完成後要進入市場，如何促銷、包裝、售後服務等是營業部門的工作。而財務人事部門則要負責財務與人事的管理，如資金的籌措、財務規劃、財務分析、財務控制、人員管理、薪資管理、升遷、教育訓練……等工作。從整體的流程來看，研發在製造、行銷之前。所以國際企業要在國際市場發光發熱，研發絕對是關鍵！因為它是國際企業生存與發展的根本，但是卻常見，研發速度過緩、研發經費過於龐大，研發成果的商品化速度太慢……。因此，如何改善國際研發系統的效能，對於研發管理來說是最重要的議題。但是要如何改善呢？以下從六個方面來說明。

一、加速研發創新方向的確立

如果技術不如人，那就加緊研發，只要投入夠多的時間、人力與資源，總有一天會拉近，甚至超越對手的！但是經過調查之後，發現約 50 家國際企業（企業年營收規模：72% 10 億美元以上，26% 1 千萬美元以上，3% 1 百萬美元以下），在研發方面最主要的困難點是，竟是缺乏創新的策略方向，所以國際企業應加速確立研發創新的方向。

譬如，源自於瑞典的全球品牌 IKEA，當它成立公司時，發現傢俱在運送過程中，毀損產生高額的賠償費用。於是當時的設計師吉利斯隆格林，想到了一個創新的點子，就是把傢俱拆解下來再寄送。沒想到這小小的創意，除了降低省下八倍的包材運費，也減少八倍貨運空間，為該企業帶來極大的利潤。後來，研發了數百種簡約的商品，突破傳統傢俱造形與顏色的風格，因此，大受新一代消費者的歡迎。

反之，黑莓機的墜落，就說明沒有加速新的研發創新，而大江東去。當 Research In Motion 這家公司，簡稱 RIM，推出一款方便、安全，且有效率的設備，可供員工在辦公室之外，收發電子郵件的黑莓 (BlackBerry) 機時，黑莓機幾乎成為商業高層、政府首腦，不可缺少的配備的產品。但是當 iPhone 和 Android 手機面世，卻使黑莓機陷入黑暗，而逐漸被遺忘。

二、強化整體參與

在競爭激烈的全球產業環境下，各家企業都想推出具有競爭力的新產品，以在市場占有一席之地，並維持企業的生存空間。然而，正是因為競爭環境的嚴峻，新產品的研發，不再是僅限於

工程，或是設計人員的突發奇想或是創作，而必須是包含市場、行銷、技術、生產、財務、行政與法律支援等全員的參與。因此，更需要有一套良好，且適合企業的新產品開發流程，透過確實的執行與不斷的修正，讓新產品能快速而成功的上市。

三、系統改善

　　整個研發系統有三大重要關鍵，第一個是在研發實際室內進行，主要有研究、發展、測試、溝通；第二是研究所產出的品質、數量與成本；第三是研究成果的運用，也就是如何擴大研究成果，以增強對國際企業的利益。

　　研發活動本身就是一個系統，大致可分成五個階段 —— 投入(input)、程序系統(processes)、產出(output)、接收系統(receiving system)、結果(outcomes)。

（一）研發系統的投入

　　台灣產業研發投入的不足，長久以來即為人所詬病。研發系統的投入，指的是要完成研發活動，所需要的人力、創意、資訊、資金、設備、廠房，其他特殊需求，甚至涵蓋事業策略及科技策略等。企業創新前瞻的動力，來自於研發，其中不可少的，就是國際企業要提供足夠的研發資金（研究與開發某項目所支付的費用）、充足的研發設施、具有專業技術水準的研發人員。為避免資源浪費，國際企業應整合在全球各地，研發據點的資源、人力與設備等，以減少研發資源的重複投資。

（二）程序系統(processes)

　　程序系統其實就是研發的主體，這是將研發的投入，轉換成

具體的產出，其中包括各種的研發活動，譬如，研究、發展、測試的過程，以及最後的研究報告成果。程序系統若要順利，應注意研發計畫的可行性；研發人員因任務需要所受的教育訓練；研發與製造、行銷單位間的協同合作；研發計畫執行的努力程度；擁有適當的研發相關資訊，譬如專利資訊；研發領域的拓展與多樣化。

（三）產出(output)

研究產出涵蓋專利權，產品、程序、出版物、事實與知識。企業研發最具體的部分，第一就是成本與效益，簡單來說，也就是開發某一產品所能獲得的利潤。第二就是品質水準，品質水準的提升，則有助於公司的商譽。以華碩為例，華碩新款變形手機，請來 Show girl 展示新一代 PadFone 變形手機，一體成型的鋁合金灰色和桃紅色外型搶眼，還增加語音秘書服務，只要說通關秘語，手機就能自動開啟，加上 1300 萬畫素鏡頭，還能連拍100 張，真的很炫！但是後來卻傳出品質不良，手機發生漏光、觸控版凸起，甚至軟體和記憶體不相容，造成死當的情況。另一個例子是，三星電子的 Galaxy Gear 智慧手錶，該錶在 2013 年 9月下旬問世以來，至今僅賣出 5 萬支，顯示大眾市場對這款裝置興趣缺缺，而且還受到不少批評。其中比較大的缺點，包括售價300 美元太高貴、電池續航力不足、功能太少，與相容性有限等多項缺點。所以在產出的部分，如何更周全，更面面俱到，是不能不注意的！

（四）接收系統(receiving system)

接受系統則是運用研發產出者單位，如行銷、製造、工程、

事業規劃等部門。最後透過接受系統的運用，而產生對組織有價
值結果，如組織的成本降低、銷售量增加、產品改善、資本支出
減少等。

（五）結果(outcomes)

研發結果對企業所產生的正面影響，除差異化的競爭優勢
外，還有因研發產出，而使公司營運成本減少、資本支出減少、
利潤增加、銷售額的增加、產品改善、公司商譽提升等。

四、強化溝通協調

以華碩 Eee PC 為例，華碩組成了一個專案團隊，由台灣負
責軟體、蘇州開發硬體。但因多數零組件廠商都在台灣，為了搶
時間上市，在那一個月內裡，每天都有專案成員來回於台北和蘇
州兩地。先是台灣成員把零組件帶去蘇州，蘇州成員則把硬體送
來台灣和軟體一起運作。為了「一次就成功」，各級主管對於工
程師所畫出的線路圖和零組件排放方式，都會再三反覆討論。

五、防止人員流失，造成研發機密外洩

譬如，有眾多的外商前進大陸投資，且有愈來愈多的跨國企
業，前進大陸設立研發中心，使得大陸高科技人才炙手可熱。競
爭的結果，造成外資或國營企業，幾乎都面臨大量研發人員的流
動，以大陸某軟體公司為例，每年人員流動率約 8%，四通公司
就發生 3 次內部高級人員，跳槽到其他公司與原公司進行競爭。
嚴重的，甚至帶走公司重要研發機密，有的連客戶都被拉走。因
此，如何防止人員流失，造成研發機密外洩，也是國際研發系統

改善所不可忽略的關鍵議題。

六、研發外包

若國際企業的研發系統的效率，實在難以改善，或研發成本確實太高，此時可採取研發外包的方式。研發外包通常以兩種模式呈現，一是企業受制模式，二是合夥開發模式。在企業受制模式中，委託公司通常希望與外包公司建立長期關係，因而投入大量資源，以確保這種關係的穩定；委託公司希望對外包公司擁有的技術或資產擁有更大的控制權。到最後，此類控制可能轉化收購外包公司，或在外包公司所在地，設立研發子公司。另一種是合夥開發模式，在這種模式中，委託公司通常期望借助外包公司專業人員獨有的一些專業知識或技能，但只是把少數任務交給外包公司，外包公司仍是獨立的實體，對技術和其他資產保留控制權。

整體而言，現在的研發國際化，已逐漸涉及已開發國家之外的世界，並且有趨向於東亞及東歐的趨勢。更重要的是，研發國際化的內涵也出現一些變化，不再只是技術移轉，而牽涉到新技術和新市場洞察力的搜尋、研發外包、跨國協同研發設計、研發流程模組化等因素。

表7-1　我國企業從事研究開發所面臨的困難　　　　　單位：%

問項 ＼ 規模別	全體製造業	大型企業	中型企業	小型企業
沒有困難	14.35	13.72	12.98	14.75
規模太小，無開發能力	27.44	8.75	19.57	32.94

（續前表）

規模別 問項	全體製造業	大型企業	中型企業	小型企業
國內技術人才不足	26.25	37.97	34.26	22.18
資金不足	24.25	14.12	21.49	26.93
國內外市場有限，新產品無市場	19.77	14.71	18.30	21.13
產業技術變化太快，自行研發易過時	18.22	29.82	20.64	15.29
研發人員流動率高，使得研發工作延續不易	12.71	21.27	16.81	10.08
相關原料物料、設備取得不易	10.02	9.54	9.79	10.17
國內在基礎及應用等研究不夠	8.98	18.09	11.70	6.51
國內相關研究機構無法配合	5.10	6.96	5.96	4.54
經營者與研究者理念不同	3.49	2.58	2.98	3.78
其他	4.53	5.17	4.47	4.41

註：表中之比率爲複選。

第四節　小心因應國際研發的專利戰爭

　　台灣產業未來發展要走向國際化，尤其品牌化，我們的業者相對仍是後進者，除了要不斷創新之外，還要持續投入研發，以提升自我的能力。只不過在邁向國際，且逐漸占有一席之地的品牌過程，一定會碰到商業競爭對手，藉專利這個問題，發動侵權

訴訟的反擊。國際企業的研發，是需要花費公司的人力、物力、時間及精神，因此，絕對不能輸在專利戰，而讓國際企業的研發成果付諸流水！

對有心創新研發的人來說，專利永遠是無可迴避的重大議題！專利制度本為鼓勵、保護、利用發明與創作，以促進產業發展，而以透過法律的方式，來保護研發成果的制度。對後進者來說，專利問題難免有灰色地帶，後進者有可能侵害到既有業者的基本專利，而先進者也可能藉專利權以阻撓競爭者。

以我國的經濟發展經驗來說，由於內需市場有限，須仰賴產品的外銷，或切入全球產業鏈之零組件供應、裝配、製造端，亦即必須面對全球的競爭，贏取市場，方能維持持續的成長，在這種環境下，造就了台灣大量的中小企業。這些中小企業，憑著刻苦的精神，靈活的經營，創新的研發，逐漸發展與茁壯，及至分食或威脅國際大廠的市場時，國際大廠往往祭出專利侵權，或反托拉斯等之控訴，以嚇阻我國廠商之發展。同樣的，我國廠商在國際市場上，也面臨被仿冒與侵權之行為，造成利益受損。所以，目前在國際市場競爭，無論是科技產業或是傳統產業，智慧財產權乃決定公司的存亡與成敗。以下是面對專利糾紛時，常見的因應策略。

一、付授權金和解

2014 宏達電與諾基亞的專利官司，結果由宏達電付費，獲專利權使用許可。宏達電與諾基亞和解，對雙方都有利，諾基亞把專利「變現金」，宏達電可省下大筆的訴訟費用及時間，專心進行新研發。實際上，不少國際大廠投入專利戰的律師團、訴訟

資源相當可觀，要真的對上了，打起來耗時、耗力並不輕鬆。訴
訟走向和解，支付授權金，可讓企業專注在創新，而不是法律訴
訟，若和解金不高，則是可行的做法。

二、交互授權(cross licensing)和解

　　兩強對峙的專利戰爭，為避免兩敗俱傷，甚至同歸於盡，通
常是由雙方達成交互授權，以和解協議收場。例如：日商夏普於
2011 年 1 月 24 日，向美國德拉瓦州聯邦地方法院，及 ITC 對友
達提出專利侵權控訴，友達則於同年 3 月 2 日在美國德拉瓦州聯
邦地方法院，及加州中區聯邦地方法院，反控夏普侵害專利。同
年 4 月雙方達成和解，除各自撤銷先前提出的所有訴訟之外，並
簽署專利交互授權合約。

三、強制授權和解

　　後進者可透過法院判決，以合理價格強制授權。專利權人將
專利權授與他人，屬於一種授權者與被授權者的雙贏策略。因為
就授權者的權益來說，可為國際企業創造權利金收益；以權利金
提高競爭者成本；新技術創造新市場需求；市場測試；分攤研發
成本及風險；創設供給替代管道；增加授權產品或方法之銷售；
擴張國內外市場佔有；以競爭刺激市場成長；增加相關產品銷
售；取得必要或改良技術；專利糾紛解決；公司部門銷售或購併
之交易條件；建立公司信譽；創立產品規格。就被授權者的權益
來說，節省研發成本及時間；專利糾紛解決；自授權者取得教育
訓練機會；取得改良技術機會；更新或防禦現有生產線；建立新
生產線。

但在某些情況下，專利權人是不願授權的，尤其是在可能製造市場競爭者；擔保或保證責任之負擔；機密資訊流失及控管難度；考量授權管理成本；低估授權技術價值及潛力；萬一碰到不良被授權人，反而形成國際企業的負擔。

四、研發並申請新專利

　　隨著跨國專利大戰開打，越來越多企業體悟到，在專利訴訟談判的過程，手中若握有專利金牌，如同處於不敗之地。也因專利如此可貴，所以研發的成果，一定要並申請新專利。在研發的時候，也要研判評估三種狀況：（一）此項技術在所申請國，是否有專利授權的可能性。（即指此項專利技術轉移國內廠商，或相互授權國外廠商的可行性）；（二）該專利提出的產品或製程，進入申請國市場的可能性；（三）與該國現有市場或技術的競爭性。

五、透過創新避開專利侵權

　　2012 年 5 月宏達電銷售到美國的新款手機，遭海關攔下，歷經約半個月的審查程序之後，所有遭到卡關的產品，終於順利進入美國市場。經此事件後，宏達電已於美國國際貿易委員會 (ITC) 宣判後，將遭判定侵權的資料辨識操作功能，進行創新的迴避設計 (design around)。

　　創新是公司應該去努力的目標，但究竟應該是，朝改善現有產品性能的創新，還是應該打破原有的產品規格，去做突破性的創新？公司內部就可能陷入爭論的兩難局面，而無法做出快速有效的決策。其實，還是要回到基本點，哪一種方式的創新，最能

滿足顧客的核心需求。除了從消費面考量，也可以從商業化來評估。譬如，由 Massachusetts Institute of Technology（簡稱 MIT）的 Technology Review 科技評論雜誌編輯團隊提名，全球最聰明公司排行榜，則是以評選出全球範圍最具創新力的公司為標準。其評選的主要關鍵，在於該公司是否提供了極具創新價值的技術和服務、研發成果市場化和商業化程度、技術革新是否改變了產業格局，推動產業發展等。

　　賈伯斯說：「創新，決定了誰是領導者，誰是追隨者。」知名的創新大師克里斯汀生 (Clayton M. Christensen) 在其一系列以「創新」為主題的著作中，就曾提出寶貴的「破壞性創新」理論，指出新組織可用相對較簡單、便利、低成本的創新創造成長，並贏過強勢在位者。創新可能表現在更低的價格、更新更好的產品（即使價格較高）、提供新的便利性、創造新需求、為舊產品找到新用途等等。

　　創新一詞，在英文字面上的意義，具有「變革」(change) 的意思，亦即將新的觀念或想法，應用於技術、產品、服務等之上。創新 (innovation) 的觀念，最早由 Schumpeter 在 1930 年代所提出，透過創新，企業組織可使投資的資產，再創造其價值高峰。後來有學者對創新有不同的界定，譬如有的認為是：(一)「運用新點子，達有利目的的過程。」；(二)「採用新點子，並將其轉化為有用的產品、服務或技術的過程。」；(三)「採取有用的點子，轉化為有用的產品、服務，或作業方法的過程。」

表7-2　對創新較有代表性的看法

分類觀點	代表學者	創新的定義
產品觀點	Blau & Mckinley（1979）、Burgess（1989）、Kelm et al.（1995）、Kochhar & David（1996）	以具體的產品爲依據來衡量創新。
過程觀點	Kimberly（1986）、Drucker（1985）、Amabile（1988）、Kanter（1988）、Johannessen & Dolva（1994）、Scott & Bruce（1994）	創新可以是一種過程，著重一系列的歷程或階段來評斷創新。
產品及過程觀點	Tushman & Nadler（1986）、Dougherty & Bowman（1995）、Lumpkin & Dess（1996）	以產品及過程的雙元觀點來定義創新，應將結果及過程加以融合。
多元觀點	Damanpour（1991）、Russell（1995）、Robbins（1996）	主張將技術創新（包括產品、過程及設備等）與管理創新（包括系統、政策、方案及服務等）同時納入創新的定義中。

資料來源：林義屛（2001），〈市場導向、組織學習、組織創新與績效關係研究〉，中山大學企管博士論文，頁26。

　　每個產業都可以知識化，都可依賴知識予以創新，傳統產業只要能不斷地利用知識來創新，便可以永續經營，不致淪至夕陽產業。例如，諸基亞 (Nokia) 原本是芬蘭的木材加工業者，在經過 1970 年代中期的重新定位後，轉變爲電子製造業者，並培養出創業家式的管理風格，並著重顧客、設計與研發，以及持續的產品創新。其他如義大利的製鞋業、服裝設計業，法國的香水業、釀酒業，均能歷久不衰，都是明證；相對地，高科技產業如果只是原地踏步，一樣淪爲被淘汰的命運。例如晶圓的製造，雖屬高科技產業，但當十二吋晶圓出現時，就是八吋晶圓讓座之時。

六、要有危機意識與危機預防

透過圖 7-1 的 BCG 專利矩陣，以橫軸為專利保護程度，縱軸為與專利相關產品營收，依此，可分成為「小魚」(The minnow)、「目標肥羊」(The target)、「鯊魚」(The shark)、「霸權者」(The superpower) 等四種角色。如果自己已成為國際大企業眼中的肥羊，就要小心因應國際研發的專利戰爭。尤其應該要透過技術策略規劃，加速槓桿現有的研發能量，透過國際研發合作，取得專利授權、技術移轉，以掌握關鍵專利與技術，這一切均應縝密規劃。

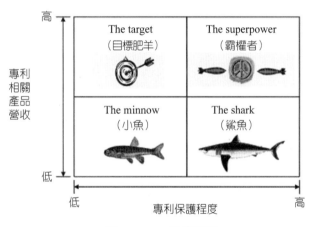

圖7-1　BCG專利矩陣

Source: BCG，科技政策研究與資訊中心－產業資訊室整理，2008/12。

七、積極尋求法律保護

在這一場國際研發的專利戰爭中，既要防範「鯊魚」(The shark) 及「霸權者」(The superpower) 等大型國際企業，也要防範

他國企業的侵權。譬如，在商品的外觀、包裝及印刷上造成似假亂真，以致消費者購買到仿冒品還不自知。特別是以名字近似，來造成消費者誤判，例如在大陸常見，「麥當勞」與「麥當來」；「海霸王」與「海霸皇」；大陸飛龍所註冊的「偉哥」，不僅搶先國際輝瑞大藥廠的威而鋼註冊，連印刷設計都很雷同，造成輝瑞公司跳腳不已。

要保護自己，就要先掌握相關法律，並以法律保護企業。以中國大陸的「專利法」為例，根據該法先申請的原則，也就是當一項技術被授與專利後，該專利權人就享有了製造權、銷售權、使用權和轉讓權等，其他人不得侵犯其應有的權力。所以我國企業就該對所擁有的技術，向大陸專利局申請專利，以獲得「專利法」的保護。

此外，依據大陸「反不正當競爭法」規定，經營者不得擅自使用知名商品特有的名稱、包裝、裝潢，造成和他人的知名商標混淆，使購物者誤認為是該知名商品。台商若遇到上述問題，應善用「反不正當競爭法」來爭取企業應有的權益。

問題與思考

一、國際企業研發據點應考量地主國哪些條件？

二、專利糾紛有哪些重要的因應策略？

三、創新的重要性？

四、專利授權的優點？

問題與思考 (參考解答)

一、國際企業研發據點應考量地主國哪些條件？

答 (一) 該產業是否在地主國發展良好，是否累積了相當程度的生產經驗與銷售經驗；(二) 地主國的銷售經驗；(三) 地主國研發實力。

二、專利糾紛有哪些重要的因應策略？

答 (一) 付授權金和解；(二) 交互授權；(三) 強制授權和解；(四) 研發並申請新專利；(五) 透過創新避開專利侵權。

三、創新的重要性？

答 賈伯斯說：「創新，決定了誰是領導者，誰是追隨者。」

四、專利授權的優點？

答 就專利授權者的權益來說，可為國際企業創造權利金收益；以權利金提高競爭者成本；新技術創造新市場需求；市場測試；分攤研發成本及風險；創設供給替代管道；增加授權產品或方法之銷售；擴張國內外市場佔有；以競爭刺激市場成長；增加相關產品銷售；取得必要或改良技術；專利糾紛解決；公司部門銷售或購併之交易條件；建立公司信譽；創立產品規格。就被授權者的權益來說，節省研發成本及時間；專利糾紛解決；自授權者取得教育訓練機會；取得改良技術機會；更新或防禦現有生產線；建立新生產線。

<table>
<tr><td>第八章</td><td>國際財務管理</td></tr>
</table>

第八章　國際財務管理

學習目標

一、企業國際化的匯率風險

二、匯率避險的方式

三、海外募資的方式

四、企業國際籌資的效益

五、大陸台商避險策略

六、匯率升貶的相關理論

通用汽車還有多少「血」可以流？

　　北美最大汽車製造商通用汽車，曾因點火器問題，造成 34 起車禍、12 人死亡，被求償 3 億美金，並召回 180 萬輛的汽車。然而在 2014 年屋漏偏逢連夜雨，通用汽車又面臨安全氣囊的瑕疵，因此被迫不得不召回 150 萬輛車的休旅車。這些隱藏在設計和生產系統中的問題，如果沒有徹底的被解決，哪怕通用汽車有再多的資金，這樣的「流血」輸出，它的財務狀況又能支撐多久呢？

第一節　企業國際化的匯率風險

在全球經濟國際化的環境下，台灣企業爲了追求生存與成長，必須不斷地拓展國外市場。對於一個國際企業的經理人員來說，在企業國際化時，應掌握國際經濟分析的學理、區域經濟整合、國際經濟合作協定、國際金融體系之組織與變動、以及國際產業之消長，是最適跨國管理決策的先決條件。此外更要注意的是，企業國際化會帶來國際融資需求，與外匯風險問題，尤其在全球金融市場自由化，國際資金迅速移轉的情況下，因而促使匯率的變動更爲敏感及多變，因此國際化企業經常曝露在外匯風險的威脅下。自 2008 年全球金融海嘯之後，全球匯率波動幅度很大！因此在企業國際化之際，財務經理必須熟習國際外匯、期貨、選擇權、債券、換率換匯等市場之組織與交易策略，與國際財務的管理。

一、認識匯率

匯率則泛指一國貨幣，與他國貨幣的交換比率，也就是以一個國家的貨幣，來衡量另一個國貨幣的價值。匯率的種類很多，依掛牌時間、交割時間、政府干預、差別待遇等的不同，而有不一樣的匯率。匯率在不同的時間點，會出現開盤與收盤匯率、買入與賣出匯率、即期與遠期匯率、市場與官定匯率、單一與複式匯率、基本、裁定與交叉匯率、固定、釘住、可調整釘住、伸縮與浮動匯率、名目與實質匯率等。在 1970 年以前，世界各國採用固定匯率較多，目前則以採用浮動匯率爲主。幣值升貶是常

態，但幣值爲何升？又爲何貶？

　　基本上，有不同的理論解釋這種現象，主要的有貨幣購買力的評算、外匯的供給與需求來決定，本國與外國之間的借貸關係來判定，或經由兩國的購買力來定奪，或貿易與經常帳收支的比較、資本的流動、經濟成長的結果、利率水準的高低、政府政策的方向與力道，以及市場之預期等因素。而實際上幣值的升或貶，通常是諸多因素綜合的結果。

二、匯率風險的原因

　　在世界各主要國家，均採行浮動匯率情況下，一個匯率的變動，有可能造成匯率風險。而且越是國際化的企業，匯率風險就越高。這可能是因爲：（一）因進出口貿易，或以他國貨幣計價的產品或服務而產生；（二）因直接對外投資而產生；（三）因國際分散投資而產生。譬如，航運業屬於國際運輸服務業，不論是運費或租金的收入，航運公司幾乎都是以美元計收，各項營運成本與變動成本，如港埠或燃料成本等，均是以當地貨幣支付。因此，匯率變動對航運公司營運績效的影響，是生存與發展的重要議題。

　　在經歷 2008 年金融海嘯後，新興市場中國大陸、印度、印尼及越南卻逆勢成長，展現強勁的經濟成長力道，並使亞洲新興市場，已成爲繼歐美市場後的重要經濟勢力，並逐步由「世界工廠」蛻變爲「世界市場」。國際收支與匯率之間，存在著密切的關聯性。當國際企業進入這些市場後，一旦當地國的國際收支有變，無可避免的就會遭遇匯率風險。

三、匯率風險的種類

匯率風險的種類，大致分為三大類：

（一）交易風險

交易風險曝露是指國際企業，在進行交易的期間，跨越匯率變動，由於外匯「交易發生」時點，與「實際收付」時點不同，所造成的匯率波動，因而導致國際企業從簽約到實際支付，或收到外匯時，造成現金流量的不確定性。有可能因匯兌時，產生利益或損失。譬如，日本首相安倍所射出的「三支箭」，其中一支就是日圓貶值。日圓貶值對日本以出口為國際化手段的企業，獲利會增加，但是以進口的企業，則會產生虧損。

（二）換算風險 (Translation Exposure)

換算風險又稱會計風險 (Accounting Exposure)，是指在編製財務報表時，有些外幣計價的資產（或負債、收入、費用），必須以當時的匯率換算成本國幣價值，其中所產生的匯率風險。

（三）營運風險(Operating Exposure)

營運風險又稱競爭性風險 (Competitive Exposure)，這是指因匯率的變動，而影響本國產品價格水準或外國價格水準，進而影響產品價格相對的競爭力，導致公司未來的現金流量的不確定性。營運風險曝露，對公司經營有長期性深遠的影響，包括公司未來的收入、生產成本結構及競爭力等。

四、匯率避險的方式

常人以為匯率避險，只能從財務金融的角度進行，其實不是這樣的。譬如以行銷來說，國際企業就可以增加在強勢貨幣的市

場銷售，同時又減少在弱勢貨幣的市場行銷。這種策略也要配合「產品差異化」，來進行市場的區隔。

匯率避險的方式，應依據其風險性質而定。譬如，換算風險和交易風險，可透過金融避險工具來避險。

（一）自然避險

自然避險初期雖不需要支付避險成本，但是企業營運成果受匯率波動影響相對較大，甚至可能吞噬所有營業利潤。

（二）遠期外匯

以遠期外匯買賣為例，它是透過進出口廠商，與外匯銀行簽訂買賣契約，約定在未來某一定時間，按契約所定匯率進行交割的外匯交易。在機動（浮動）匯率制度下，這種預購或預售未來應收付的外匯，對出口廠商而言，得以保障其利潤；對進口商而言，得以固定其成本。譬如，甲國際企業預計 3 個月後將有 100 萬美元收入，為避免美元對台幣貶值之匯率風險，甲國際企業就與銀行，簽訂一紙 3 個月期遠期外匯合約，雙方約定交易金額為美金 100 萬元，交割匯率（遠期匯率）為 34(NTD/$)，3 個月後甲國際企業，可將其 100 萬美元，以 34(NTD/$) 的匯率賣給銀行，用以消除未來 3 個月美元對台幣波動之匯率風險。

（三）選擇權

選擇權避險（買方），因為可享有選擇權執行與否的權利，因此在避險成本上，一般皆高於遠期外匯避險，若企業沒有正確預期市場波動方向及市場大幅度波動，運用單純選擇權避險，在效率與效果兩方面，都可能大打折扣。

（四）期貨交易

期貨市場的產生是爲了規避風險，指雙方預先約定未來買賣價格與數量，以規避價格波動的風險。期貨市場依交易標的物種類分成二大類：一爲商品期貨，主要有原油、小麥、可可、棉花等大宗經濟農產品期貨；二爲金融期貨，主要有各主要貨幣的期貨、黃金期貨、利率期貨與股價指數期貨。

譬如，某甲國際企業將於 1 月 15 日進口鋼筋 127 噸，由於預期鋼筋價格上漲，遂於 1 月 1 日在期貨市場，先買進一口鋼筋期貨，待 8 月 15 日賣出平倉，同時在現貨市場買進鋼筋，鋼筋的現貨價格，如預期的上漲，則某甲國際企業雖在現貨市場，用較高的價格購買，但在期貨市場的獲利，使購買成本下降。如此一來比沒有在期貨市場避險者，更具競爭優勢。

至於營運風險的評估比較困難，所以當匯率一變動，對公司成本和收入結構，到底產生多少衝擊，且到底影響到什麼程度，皆非常難評估，且幣值每天都在改變，各國的相對物價也隨時不同。

五、出口型企業避險策略

我國出口型的中小企業，在國際貿易或國際市場中，大多處於弱勢地位，因此更需要採取避險策略。除以上金融的方式外，還可以有其他五項因應策略：（一）原料進口應付帳款及成品出口應收帳款，採同一貨幣計價；（二）在買賣契約中約定，匯率風險由對方負擔，或由雙方共同負擔；（三）分散產品出口市場及投資地區，利用貨幣組合效果降低風險；（四）對於訂單量大的顧客，儘量情商以現金交易，搭配貨款折讓，以降低匯兌損失；

（五）縮短銷售交易期，藉以降低美元貨款可能造成之匯兌風險。

六、其他避險方式

從生產的角度來說，國際企業可以採用規避匯率風險的策略有：

（一）調整生產基地

國際企業應選擇弱勢貨幣的國家或地區，當作主要生產基地，以降低生產的成本。

（二）提高產品的競爭力

當匯率波動時，國際企業應積極投入研發，致力於提高產品的競爭力，降低產品的需求彈性。因為提高價格有可能會大幅流失客戶，對企業不一定是最好的方法。

（三）拉高生產效率

提升生產效率可有效降低成本，而成本降低將有助於彌補匯率度波動，以及減少對國際企業的不利影響。

（四）靈活生產配置

國際企業可依據生產彈性的高低，調整在多個國家或地區所從事生產活動，能否成功則取決於彈性調整的小大。所以國際企業若能保有生產配置的調整彈性，就可能利用產量或製程的移轉，來規避匯率變化所帶來的風險。

（五）變化採購地區

國際企業可提高弱勢貨幣國家或地區採購的比重，降低強勢貨幣國家或地區的採購比重。當然運輸成本及採購零組件的替代

性，也應該納入考慮。若採購產品的替代性高，而運輸成本又低，那麼經濟風險就比較能降低。

七、大陸台商避險策略

我國與大陸市場極為密切，人民幣如果突然升值，不管幅度有多大，在短期而言，都會對台商產生衝擊。對持有人民幣的台商有利，對持有美元的台商不利，因為美元在兌換成人民幣進入生產、流通的過程中，台商將因匯率突然變動，而蒙受匯兌的損失。但就長期而言，廠商應該視匯率波動為常態，並利用上述衍生性金融商品的操作，建立避險的機制。我國出口導向的台商，在面臨人民幣升值的大環境下，可以採用的多元因應對策，起碼有下列四個途徑：（一）調整資產負債的幣別結構：過去裕隆汽車在貨幣避險只針對日圓，但隨著集團國際化佈局，汽車外銷市場的拓展。因此，貨幣避險幣別也變得多元化，而涵蓋到人民幣、美元、歐元；（二）調整交易款的應收應付結構；（三）計算出自己可以撐到最後，去碰觸即期外匯的容忍度；（四）一部分藉由遠期外匯鎖定價格。

上述的四個途徑當中，遠期外匯應該擺在最後才考量。先把第一到第三項安排好之後，而遠期外匯的數額，占總體的四分之一就夠了。此外，在財務管理的理論當中有個普遍認同的法則，認為資產應該留強勢貨幣，負債則應該掛到弱勢貨幣。根據這法則，在預期人民幣會升值的趨勢中，台商就應該大量擴張外幣負債項目的金額，增加人民幣資產項下的數目；同時儘早消除人民幣的負債金額，以及去除累贅的外幣資產。實務上，調整財務結構的操作技巧，是先從負債面著手。在已有或可能增加的授信額

度內，從銀行或從境外關係企業借入外幣，趁著即期匯率還不錯的時候，換成人民幣，把負債擴大到外幣借款，並充實強勢的人民幣現金，或銀行存款等資產科目。除了以借貸方式擴大外幣負債之外，也可考慮延長對境外關係企業的應付帳款天期，把應付款的時間與金額拉大，等人民幣真正升了值，還起外債就輕鬆多了。

第二節　海外募資的方式

　　一般企業除了自有資金之外，外部資金主要來源為，銀行借款以及向一般大眾募集資金。國際企業的海外籌資，也可分內部資金來源與外部資金的來源。在內部資金來源方面，包括各據點的保留盈餘，以及各據點之間的資金融通（如母公司將資金借貸給子公司）等。當國際企業有不錯的獲利能力時，會優先以內部資金來滿足及資金需求，當內部資金不足支應時，才會考慮外部資金來源。

　　但是，這種資本積累往往緩不濟急，因為市場上的競爭，經常迫使企業必須仰賴外部資源的挹注，或者，當所謂「資本密集」的高科技產業崛起，內部盈餘遠遠無法支應擴廠與建廠的龐大資金需求，因而透過各種金融工具籌資，已成為必要手段。

　　外部資金來源則包括向銀行借款，或在資本市場發行有價證券（如公司債或股票），以募集資金。由於海外募資可以增加籌資管道，解決資金短缺問題，擴大資金來源。國內企業至海外募資，可選擇的工具有許多，一般而言，最常使用的工具，有與股

權連結的公司債、全球存託憑證、美國存託憑證，或是以海外控股公司，直接至國外的證券交易所掛牌。

一、掛牌上市

企業之所以掛牌上市，常是為了募集資金。企業赴外上市，無論是因為在母國發展陷入瓶頸或是以外國為主要市場，由於是企業自身對其發展目標，設定以國外當地為主要或內需市場，則在當地上市，自然更有利其企業發展。

但海外上市也有其成本，其主要成本有：（一）必須遵循當地證券交易法規，並根據當地會計準則，重新編制財務報表；（二）程序冗長而複雜，而且投資人對財務資訊的要求比較高；（三）必須同時考慮國內、外會計準則，及法令的影響；（四）必須面對國外的訴訟環境。

二、海外公司債

發行海外可轉換公司債，最主要的考量是，由於國外利率相較於國內利率甚低，可取得廉價的資金。海外公司債券種類繁多，如零息債券、浮動利率債券、可轉換債券等。發行浮動利率債券，最主要的考量是，可多角化海外籌資管道，且相關發行成本不高。至於可轉換公司債（Convertible Bond，一般簡稱為可轉換公司債），係公司所發行的有價證券，為直接向投資者籌措長期資金一種特別的金融工具。發行公司依發行時所訂定的發行條件，定期支付一定的利息予投資者，並附有可轉換為普通股的選擇權，持有此種有價證券之投資者，得在當轉換為普通股的報酬率高於公司債可領取的利息時，於特定的期間內，依事先約定

的轉換比率及轉換價格，將此公司債轉換為發行公司之普通股股票，以獲取更高的報酬率。但若未行使轉換權的投資者，則發行公司於到期時，依發行條件償還本金及補償利息。

　　發行這類債券將會面臨到期贖回的資金壓力，轉換時可能有股價下跌的壓力，以及有匯率的風險，這些都是對發行公司較不利之處。

三、全球存託憑證

　　發行海外存託憑證最主要的考量是，為了擴大股東的基礎，提高公司股份國際化的程度。存託憑證是一種股權的表彰，一股存託憑證通常代表一或多股發行公司的股份。全球存託憑證屬於存託憑證的一種，這是國內上市上櫃公司，把公司股票交給國外存託機構，機構再以股票憑證，出售給海外投資人。這通常適合較大金額的發行，且發行公司的市場知名度較高，但又不想面臨發行美國存託憑證時，繁複的上市程序及後續的維護成本，可以說是介於美國存託憑證及轉換公司債的一個折衷方案。但也由於其較為鬆弛的管理，流通性通常較低，投資人將其轉換為國內股票的機率較高，對發行公司股價可能有所衝擊。

四、國外商業銀行貸款

　　國外商業銀行貸款是指從國外一般商業銀行，借入自由外匯。它按其期限的長短不同，分為短期貸款和中長期貸款。短期貸款是指企業為了滿足對流動資本的需求，或為了支付進口商品的貸款，而借入資金的一種銀行信貸。籌資市場的自由化與國際化程度，決定企業是否能夠有效配置資金，以供應全球佈局的運

用。

　　向銀行借錢（融資），一般都會要求有擔保，特別是物的擔保或人的擔保。

（一）物的擔保

　　主要表現為，對項目資產的抵押和控制上，包括對項目的不動產（如土地、建築物等）和有形動產（如機器設備、成品、半成品、原材料等）的抵押，對無形動產（如合約權利、公司銀行帳戶、專利權等），設置擔保物權等幾個方面，如債務人不履行其義務，債權人可以行使其對擔保物的權力，來滿足自己的債權。

（二）人的擔保

　　這是以法律協議形式，由擔保人向債權人，承擔了一定的義務。義務可以是一種第二位的法律承諾，即在被擔保人（主債務人）不履行其對債權人（擔保受益人）所承擔義務的情況下（違約時），必須承擔起被擔保人的合約義務。在人的擔保部分，若能由政府出面擔保貸款，通常都較為順利。

　　國際企業在不同國家設有分支，各子公司可直接在當地取得資金，故其資金的來源，要比國內企業來的多且廣。各子公司所在地的融資工具、資金成本、稅負成本、交易成本、匯率走勢，及政治風險等層面，都會影響內部及外部資金來源的選擇，因而決定著公司整體的最佳資本結構。

　　中華民國自 60 年代經濟開始起飛後，外匯存底居高不下，台灣錢淹腳目，資金充裕不知如何消耗，鮮少憂心資金來源問題。如果需要資金，國內借款方便、成本低廉，國外融資不僅成本較高且牽涉較廣，作業程序較為複雜，從準備到籌得資金需花

費不少人力物力，故而一般國際企業較少尋求國外籌資管道。然而近幾年全球經濟不景氣，許多企業無法繼續經營下去，不是裁員就是倒閉，失業率升高；加上產業外移，造成國內資本嚴重空洞化，國內投資意願不若既往，因而國內銀行放款難度變高。若能增加海外籌資管道，不僅可以解決資金短缺問題，增加資金來源，並可擴大營運規模，甚至可藉此提高國際知名度及地位。

第三節　企業國際籌資的效益

儘管許多企業在製造、研發設計、銷售及運籌管理方面，早已進入了國際化的階段。但是在人才、品牌及籌資能力等方面，許多企業仍無法跨越國界，造成全球國際競爭力受到限制，根據全球最大會計師事務所暨專業顧問公司 PricewaterhouseCoopers (PwC)的一項調查，國際化越深的企業，其外資比重通常也越高，以 Nokia 為例，外資比重曾高達 90%。為什麼國際級的企業，需要積極的爭取本國以外的資金來源，或尋求海外掛牌上市？其主要的原因如下。

一、取得優勢競爭地位

台積電是目前全球唯一 28 奈米製程的晶圓代工供應廠商，包括28奈米與40奈米製程，之前公司與客戶，都低估市場需求，以致產能供不應求。因此台積電必須增加儀器設備等支出，以增強國際競爭力，這些資金從哪裡來？海外募資就是一個管道。

企業的國際籌資，有助於開拓新市場，取得優勢的競爭地

位。以中國大陸的國際企業為例，若能在國際主要的資本市場，尤其是美國資本市場掛牌的公司，在中國大陸經營較能獲得當地市場認同，並享有競爭優勢。因此部分意圖在中國大陸長期耕耘的企業，就會選擇在美國或其他主要資本市場掛牌，以取得中國市場較佳的戰略地位。

二、提高全球知名度

企業在全球資本市場籌資，有利於企業的全球佈局，及提高企業或品牌的國際知名度。例如，目前有很多歐洲精品業者赴香港掛牌上市，其中有部分原因就是要提升企業在香港或中國大陸等其他亞洲地區的知名度，以利於進軍亞洲市場。

三、方便跨國購併

許多企業利用跨國購併，來達到快速成長及切入海外市場。至於併購的資金，常以其股權作為全部或部分作為價款。此種方法比單純的現金交易，更具有彈性，對企業而言，資金壓力也相對較輕。

四、藉機釋出股票

以台積電為例，自從 ADR 在紐約證交所掛牌後，其主要股東國安基金幾乎每年都利用發行 ADR 來調節手中持股。若非透過此種管道，國安基金想要在台灣證券市場，大量釋出其台積電持股，將會非常的困難。所以利用國際籌資的管道，可以為大股東出脫手中大量持股。

五、提升企業體質及國際競爭力

　　部分企業主選擇進入國際資本市場，係著眼於透過國外專業投資人的檢驗，以了解公司目前體質與國際級企業的差距，謀求進一步改善企業體質，提升企業國際競爭力之道。

六、規避匯率風險

　　國際企業可利用調整融資策略，來規避匯率變動的風險。例如，當國際企業擁有很多某外幣的資產或收入時，則可在海外舉借該外幣資金，來規避經濟風險。但此規避策略執行的前提是，國際企業必須真的有外幣資金的需求，否則僅為了規避經濟風險，而去舉借外幣資金將得不償失。

　　國際企業的母國資本市場，如果規模太小，無法充分提供企業全球營運所需的資金，那麼企業海外籌資就不得不為。事實上，目前除美國的資本市場外，其他國家的資本市場，規模都稍為小了一點，並無法充分提供企業全球營運與擴展所需要的資金。即便是美國的資本市場，國外資金也占了很大一部分的來源。以台灣企業目前的資本支出及營運規模，若僅依靠台灣的資本市場為唯一的募集資金市場，則企業勢必籌資頻繁。如此將增加企業籌資的困難度，相對上，也將提高企業籌資的資金成本。對於某些資本密集的企業，如半導體及液晶面板廠等，由於台灣市場的胃納量不足，向國際資本市場募集資金，勢必是唯一的選擇。

一、匯率風險有哪些種類？

二、請思考出口型企業，有哪些可以運用的避險策略？

三、請說明海外上市的主要成本，有哪些？

四、企業進行國際籌資，會產生哪些效益？

問題與思考 (參考解答)

一、**匯率風險有哪些種類？**

答 （一）交易風險；（二）換算風險 (Translation Exposure)；
（三）營運風險 (Operating Exposure)。

二、**請思考出口型企業，有哪些可以運用的避險策略？**

答 我國出口型的中小企業，可以有其他五項因應策略：（一）
原料進口應付帳款及成品出口應收帳款，採同一貨幣計
價；（二）在買賣契約中約定，匯率風險由對方負擔，或
由雙方共同負擔；（三）分散產品出口市場及投資地區，
利用貨幣組合效果降低風險；（四）對於訂單量大的顧客，
儘量情商以現金交易，搭配貨款折讓，以降低匯兌損失；
（五）縮短銷售交易期，藉以降低美元貨款可能造成之匯
兌風險。

三、**請說明海外上市的主要成本，有哪些？**

答 海外上市也有其成本，其主要成本有：（一）必須遵循當
地證券交易法規，並根據當地會計準則，重新編制財務報

表；（二）程序冗長而複雜，而且投資人對財務資訊的要求比較高；（三）必須同時考慮國內、外會計準則，及法令的影響；（四）必須面對國外的訴訟環境。

四、企業進行國際籌資，會產生哪些效益？

答（一）取得優勢競爭地位；（二）提高全球知名度；（三）方便跨國購併；（四）藉機釋出股票；（五）提升企業體質及國際競爭力。

第九章　國際企業品牌管理

學習目標

一、品牌對國際企業的重要性

二、評估國際品牌價值的指標

三、贏得品牌價值的關鍵

四、國際品牌管理的五大步驟

五、建構國際企業識別系統

六、建立特有的國際品牌故事

外表與內涵都重要

　　日本女性在選擇手提包時，最關鍵的一些購買標準，已經改變了！她們對於時尚 (Fashion)、女性化 (Feminine)，以及娛樂性 (Fun)，顯示出更高的興趣。COACH 雖然也很重視這些特質，但消費者卻沒有特別的感受。日本女性對 COACH 的印象，還是停留在品質、功能、耐用等印象。要如何扭轉消費者的認知呢？COACH 開始改變對外溝通。因此，他們更聚焦在消費者所重視的一些特質上。譬如，改變店面的色彩和氛圍，從非常暗到非常開放、明亮，讓產品非常突出。在行銷方面來說，也凸顯商品更多的現代與時尚感。

第一節　品牌對國際企業的重要性

　　根據暢銷財經書作家佛理曼 (Thomas Friedman) 的著作，對當前世界經濟局勢的描述，就如同一台失速的巨型卡車，油門已經卡死，而且鑰匙還弄丟了。在這樣嚴重的不景氣時代，策略大師波特大聲疾呼：「正是這樣的時候，領先者可能會變成落後者，落後者也可能會變成領先者。」因為在這個艱困的時刻，全球產業的規則、秩序解凍，市場激烈的競爭中，企業為了永續生存，除了培育人才、提升技術、增強管理效率外，最關鍵的就是成為國際「品牌」！

　　國際品牌的經營，已超越行銷的概念與格局，發展為全新的經營藝術，換言之，品牌已被視為一種重要的管理工具，深入企業經營各層面，協調企業願景、營運計畫、企業文化與形象等，進而導引公司未來的成長。根據行銷大師菲立普‧柯特勒 (Philip Kotler) 的經典之作《行銷管理》(*Marketing Management*)，認為：「品牌代表著一個名字、名詞、符號、象徵或設計，甚或是這些東西的總和，企業希望藉著品牌，能夠讓別人辨別出產品或服務，及所歸屬的公司，並且和競爭者產品產生區隔。」品牌所涵蓋的領域，包括商譽、產品、企業文化以及整體營運的管理。

　　依據凱勒 (K. L. Keller, 2003) 的研究，為什麼企業必須積極發展品牌？因為這關係到國際企業的品牌利益，他歸納品牌利益，有十點之多：(1) 較大的忠誠度；(2) 面對競爭性行銷活動時較不脆弱；(3) 面對行銷危機時，較能經得起考驗；(4) 較大利潤；(5) 消費者反映漲價時較無彈性；(6) 消費者反映降價時較有彈

性；(7) 較多商業（經銷商）合作與支援，較高之合作與支持；(8) 增加行銷溝通的效果；(9) 可能的特許機會；(10) 增加品牌延伸的機會。目前台灣的企業，已擁有數十年的國際代工經驗，若能在國際品牌方面深根，未來定能在全球化的道路上，突圍而出，永續生存。

　　企業在全球市場的品牌經營，才能在全球市場嶄露頭角。因為國際品牌能提升國際企業的獲利，國際知名度，提高購買意願，永續生存，保護產品及強化國際競爭力等。

一、品牌提升國際企業的獲利

　　品牌是國際企業的無形資產，更代表國際企業的承諾。當國際企業的承諾被市場認同、肯定，就能為國際企業帶來極高的經濟效益。美國《商業周刊》在一項調查中也顯示，以品牌行銷為主的前 100 名企業，其所創造的獲利盈餘，與亞太地區代工廠前 100 名之獲利盈餘相較。兩者獲利相差達 57 倍之多，足見發展品牌對於企業，可帶來豐厚的利潤。

　　建構強勢的國際品牌，可以增加產品的知名度，也可以使公司的利潤倍數上升。以全球曾經瘋狂熱賣的蘋果 iPhone 來說，蘋果的毛利率大約在 60% 到 70% 之間，而代工的毛利 2%。為什麼蘋果可以有這麼高的利潤？因為它掌握了品牌。目前全球幾乎有一個普遍性現象，就是貧富差距極大的「L」型社會。在這種社會中，越是高價的商品，就越不在乎價格，可是低價的商品，卻出現錙銖必較的消費特色。企業若能跳脫純代工的經營模式，在國際建立自有的品牌，就有可能提升產品附加價值，提升企業利潤。以我國揚名國際的品牌法藍瓷（FRANZ）為例，它創設

於 2001 年，因其產品擅長將東方元素和哲理融入於設計作品中，故常在國外屢獲大獎，2014 年初，還榮獲「中國馳名商標」。該公司的負責人陳立恆說：「代工時，十元的產品我只能賺一元，但產品到了客戶手中，掛上國際品牌，卻可賣到三十元，這就是國際品牌的經濟價值。」此外，像后里薩克斯風的代工價一支約 8000 元，但是當掛上知名的國際品牌後，售價竟可飆到 20 萬元。像腳踏車掛上捷安特的品牌後，就比市場上其他同級產品，貴上 20~25%，這代表了捷安特的選車資訊和建議、售後服務以及品質保證。以前手機大廠 Nokia 與代工廠商，兩者的利益失衡比達 50：1。

二、提高國際知名度

品牌知名度 (Brand Awareness) 的高、低，會影響消費者的購買意願。高知名度的國際品牌，則易增強消費者的購買意願，並會顯著高於低知名度品牌的購買意願。譬如，只要打上 NIKE 勾形圖案，不論在哪裡製造，就會在消費者心中，產生更高價值的認定，並願意付出更高的消費金額。這是因為品牌國際的知名度，最終會增加品牌效益與價值。

三、提高購買意願

品牌建立國際知名度以後，消費者對於特定品牌的偏好，即使該品牌產品與其他品牌產品，並無實質上的差異，消費者仍願意支付較高的價錢；或是在相同價格下，消費者將選擇其偏好的品牌產品。為什麼產生這種現象呢？因為國際品牌對消費者，具有五項重大的功能：（一）辨識產品的製造來源；（二）降低購買

搜尋成本；（三）追溯產品責任、降低購買與使用風險；（四）提供產品或服務一致的品質、推廣、通路、價格的承諾；（五）象徵品質訊號。

實際上，品牌對於消費者來說，它是產品、服務或公司的主觀感受，同時也是一個象徵、價值、品質、形象，和保證的代表。一旦品牌的承諾與價值在國際上被肯定，不但會提高消費者的信心與購買意願，而且也會增強顧客在使用時的滿足感，藉此帶給顧客很高的價值、社經地位與群體的認同（名牌心理）。

四、強化國際競爭力

自 2012 年以來，歐債風暴和美國經濟萎靡夾擊，市場消費信心普遍不振，品牌若能致力爭取消費者認同、承諾上的努力，就易逆勢突圍。當企業擁有強勢的國際品牌，同時就可以獲得競爭的優勢，這些競爭的優勢包括：（一）提高商品的鑑別度與知名度；（二）建立競爭者進入的障礙；（三）較易在貨架上為消費者選中（購買率提高）；（四）在競爭者的促銷壓力下，具有抗壓性及復原力；（五）使後續品牌成功的延伸機會；（六）享有較高額的利潤，以及直接創造企業更強的競爭力。

五、品牌對國際企業永續生存的助益

目前全球正往扁平化發展，發展品牌，具品牌形象者，較能增加永續生存的能力。譬如，法國皮包、義大利皮靴、瑞士手錶、英國瓷器、美國運動鞋等品牌，在全球消費者的心中，已產生一定程度的魅力。可口可樂的 CEO 曾說：「即使可口可樂公司在一夜之間，被大火燒為灰燼，它在第二天就能重新站起來，因為可

口可樂的品牌價值，高達 600 多億美元，這就是品牌的力量，是大火燒不掉的財富。」由此可知，品牌有助於國際企業的永續生存，同時它也帶來三大資產：

（一）品牌無形資產

行業地位、競爭優勢、品牌價值估計、信任度等。

（二）品牌有形資產

營收表現、市值表現、抵押貸款、投融資能力、人才吸引力、政府政策傾斜或支持，以商標專用權來說，商標註冊人有權許可他人使用商標，以獲取報酬。

（三）品牌能創造顧客忠誠度

顧客忠誠度可以大幅降低行銷成本，再加上顧客能記得的品牌數目有限，品牌還可以創造進入障礙，增加消費者轉換成本。

六、保護產品

法律對於有品牌的產品，具有保護的作用。設若在其他國家被仿冒，或擅自使用本企業的品牌，因為具有專利等保護，則可透過對相關單位的檢舉，由公權力進行調查。如果確認是惡意侵害，對方除了民事賠償責任外，還會受到刑罰處分。但如果沒有品牌，被抄襲、被模仿，除了自認倒楣，或向上帝哀求外，又能如何？

七、降低危機

自有品牌可避免國外客戶抽單，所造成無法繼續營運的不確定性，同時又可防止代理權的不確定性，以及掌握品質與供貨的穩

定性。譬如，曾經有一家本土鐘錶公司，代理了瑞士名錶，經過近二十年的拓展，終於把該瑞士名錶，打造成代表權勢地位與財富的象徵。名流、士紳、財主，莫不以擁有該瑞士名錶爲榮。但是，二十年的代理與市場開拓的苦勞，卻因瑞士錶廠不再授權新的決策之下，所有努力付諸流水！

　　另一個例子是，2012-3 年法國標緻雪鐵龍汽車大幅虧損將近2000 億台幣，面臨如此重大危機的情況下，因爲法國標緻雪鐵龍汽車是國際知名的品牌，所以 2014 年獲得大陸東風汽車 8 億歐元的入股，取得 14% 的股權。如果這個公司不是國際品牌公司，還能獲得外界資金挹注嗎？結果還能起死回生嗎？

第二節　國際品牌價值

　　國際品牌價值是指品牌能喚起國際消費者感受、知覺、聯想等，特殊的組合，能有力影響消費者的購買行爲。所以目前各國政府大多積極鼓勵企業，發展品牌、進軍國際，爲的就是避免成爲拚成本的「汗水經濟」，且能爲國家創造更多的營收，以及提升整體國家的產業形象。但是品牌價值也不是無限延伸，若是產品生命週期非常的短，譬如像消費性的電子產品，那麼品牌所提供的權益與保障，就非常的有限。

一、國際品牌價值評估角度

　　品牌價值可視爲一種資產，在不同的方面，有不同的呈現方式。在財務面的衡量，可以拿銷售量及價格的溢酬，作爲觀察的

指標。此外，還有三方面重要的角度：

（一）通路觀點

從通路來看，擁有愈多品牌權益的商品，愈是獲利的保證。

（二）廠商觀點

品牌優勢能承受競爭者，攻擊的忍受度高。

（三）消費者觀點

品牌權益來自消費者，對該品牌的忠誠度，並願意支付較高的購買價格。

二、衡量品牌價值的指標

以下是國際重要衡量品牌價值的單位，而且是較具公信力的單位。

（一）英國Interbrand公司評價法

品牌價值＝品牌收益 × 乘數，乘數的具體因素是：

(1) 領導地位(Leadership 25%)

該品牌市場佔有率。

(2) 穩定性(Stability 15%)

主要是品牌存在歷史長短。

(3) 市場特性(Market 10%)

快速消費品比工業、高科技品牌價值高。

(4) 國際化(Geographic spread 25%)

國際性品牌比地方性品牌價值高。

(5) 潮流吻合度(Profit Trend 10%)

是否符合長期趨勢發展。

(6) 支持度(Support 10%)

(7) 受保護程度(Protection 5%)

保護商標註冊及智慧財產權等情況。

（二）中華品牌戰略研究院評價法

品牌價值＝利潤 × 品牌實力 × 品牌狀況

(1) 利潤

包括利潤率超額收益和市佔率超額收益。

(2) 品牌實力

來源於六大方面：①企業性質；②產業性質；③領導地位：取決於市場佔有率；④穩定性；⑤國際性；⑥發展趨勢。

(3) 品牌狀況

主要是以下四個方面：①定位；②架構：單一品牌架構、多品牌架構等架構，然後再區分品牌架構的清晰度；③傳播：知名度、美譽度、當年重大事件管理；④管理：商標註冊保護情況、企業管理組織、職能和流程，品牌資本化情況。

（三）Hirose評鑑方法

(1) 品牌溢價力(Prestige Driver, PD)

溢價力是指因為品牌的關係，企業可以用比競爭對手更高的價格賣出產品。

(2) 品牌忠誠度(Loyalty Driver, LD)

是指品牌長期讓顧客重複購買的能力。

(3) 品牌延伸力(Expansion Driver, ED)

是指品牌從原有的市場延伸到其他品項，以及海外市場的能力。

（四）德國 BBDO評價法

(1) 市場品質；(2) 市場優勢；(3) 財務基礎；(4) 品牌地位；(5) 品牌國際導向。

表9-1　Interbrand品牌價值來源因素表

衡量構面	權重	衡量要素
市場領導力 (market share and leadership)	25%	市佔率、市場定位、市場區隔、市場結構、未來定位等。
企業國際性 (brand internationalize)	25%	過去資料（出口狀況）、現在資料（海外市場地位）。
品牌穩定力 (brand stability and track record)	15%	歷史定位、現在定位、未來發展等。
市場趨勢 (market trends)	10%	發展（銷售量、市佔率）、狀態（競爭趨勢）、計畫（發展計畫）。
廣告及促銷支援 (advertising and promotion support)	10%	品牌與持續性（廣告支援活動、行銷支援活動等）。產品以及品牌識別等。
產品穩定度 (stability of product category)	10%	概要（競爭結構、價格、銷售量等）。趨勢（市場動態等）、未來展望。
法令的保護 (legal protection)	5%	商標權的重視程度以及相關專利的重視程度。
權重合計：	100%	

三、贏得品牌價值的關鍵

　　到底有沒有品牌價值，實際上，還是要看消費者買不買單。若消費者不買單，價值何在？所以必須從消費者的角度觀察，才能眞實掌握品牌價值的關鍵。因此，是否具有品牌價值，還是在於消費者對品牌的忠誠度、品牌知名度、知覺品質以及品牌聯想等。

（一）品牌忠誠度

　　品牌忠誠度包含態度忠誠度 (Attitudinal Loyalty)，與購買忠誠度 (Purchase Loyalty)，因而形成品牌偏好與品牌堅持。所謂品牌偏好 (Brand Preference) 指的是，消費者會放棄某一品牌，而選擇另外一個品牌（此原因可能是習慣或過去經驗）。品牌堅持 (Brand Insistence) 指的是，消費者寧願多花些時間，也堅持要某種品牌。若是國際企業成功擁有品牌忠誠度，那麼將會對其他國際企業的競爭者，形成一種障礙，因此能有效保護國際企業。

（二）品牌知名度

　　品牌知名度係指消費者對品牌回憶 (Brand Recall)，及品牌認識 (Brand Recognition) 的表現。其中的品牌回憶是指，消費者面對一產品類型，能夠產生回憶該品牌的能力；品牌認識是指消費者，可以直接辨識曾經看過，或聽過該品牌的能力。總的來說，品牌知名度能引起顧客聯想、情感（喜惡）的聯結、物質的符號、承諾的象徵，品牌已成爲被考慮的主要因素。

（三）知覺品質

　　知覺品質乃是消費者，對某產品總體優越性的評價。知覺品質的特徵有四大顯著部分：(1) 知覺品質與客觀品質不同；(2) 知

覺品質的抽象程度，較產品屬性爲高；(3) 知覺品質是一種與態度接近的評價；(4) 知覺品質發生在比較的情況下。

（四）品牌聯想(Brand Association)

品牌聯想或稱品牌印象，是指在消費者記憶中任何與品牌有關聯的事物，包括產品特色、顧客利益、使用方法、使用者、生活型態、產品類別、競爭者和國家等。

（五）其他專屬的品牌資產(Other Proprietary Brand Assets)

包括專利權、商標及通路關係等。

第三節　國際品牌的管理

國際品牌是長期對消費者的承諾，感性與理性知覺的綜合體，也是一種經過設計的綜合體驗，有價值的資產，這些當然需要國際企業長期且昂貴的投資。既是資產與昂貴的投資，如何能不管理？尤其是目前全球產業趨勢快速變化、競爭加劇，國際品牌愈形重要。有效的品牌管理，可創造產品差異性，建立消費者的偏好與忠誠，更可爲國際企業在全球市場攻城掠地。反之，國際品牌若未能成功的管理，有可能無法適應快速變遷的市場，甚至可能出現「品牌陣亡」的現象！所以國際品牌必須管理，才能彰顯其特色。

品牌管理是一個系統的工程，不能將各項變數單獨割裂開來做，而應該充分考慮到品牌各方面的要素，例如，品牌的視覺符號、品牌的知名度、廣告等。目前國際品牌管理是一項相當新穎的管理思維，基本上，可分爲內在品牌管理，與外在品牌管理。

內在品牌管理主要是，動員公司上上下下，投身「做品牌」。外在品牌管理則是以消費者為中心，對消費者保證，品牌承諾的有效與具體實踐。就「品牌」管理的順序而論，品牌管理通常是先從內在品牌管理 (Internal Branding)，然後再經營外在品牌管理 (External Branding)。既然國際品牌的管理是如此的重要，那麼該如何進行呢？步驟又是什麼？

基本上，國際品牌的管理，有五大步驟：第一、確認國際品牌的目標客戶；第二、掌握所處的國際市場環境與位置；第三、仔細研究顧客、競爭者和市場趨勢；第四、制訂國際品牌管理的目標；第五、具體實踐國際品牌承諾。

（一）確認國際品牌的目標客戶

如果沒有國際市場研究的資訊，就貿然提出國際品牌方案，勝算並不大。國際品牌管理要考慮的因素有，顧客、國際合作伙伴、批發商、投資者。在實行品牌管理前，尤其要確認國際品牌的目標客戶，唯有對他們充分的認識和掌握，才能提出有意義的國際品牌承諾。

（二）掌握所處的國際市場環境與位置

國際品牌不是真空中建立的，而是在一種特殊的經濟、文化的市場環境中。要在這個環境中生存與發展，就必須先認識這個國際環境，進而適應這個國際環境。

（三）仔細研究顧客需求、競爭對象和市場趨勢

如何對國際品牌進行全面定位，取決於四大因素的相融合，包括：所處的位置、顧客需求、競爭對手的位置，以及影響自我品牌市場的主要壓力。只有理解這些議題，才能為企業的將來，

建立恆久的發展基石。當對國際市場進行分析時，必須研究影響市場長遠的因素，而非僅僅是突發的短期因素，同時要清楚了解國際競爭對手的品牌策略，以及對方的市場發展趨勢。

（四）制訂國際品牌管理的目標

在進行第四步時，必須完成四大工作：（一）確認品牌核心優勢；（二）提出具競爭性、具吸引力的品牌承諾；（三）提出爭取消費者認同的策略；（四）建立品牌相關組織。

（五）具體實踐國際品牌承諾

國際品牌的重心，就是消費者。離開此重心，所有的國際經營，就好像打靶都打在目標紅心之外，是無意義的！所以在仔細研究國際顧客的需求、競爭者和市場趨勢後，所提出具吸引力的國際品牌承諾，就必須徹底實踐。也就是，說得到，做得到！這樣國際品牌的可信度，才能被建立起來。

第四節　國際品牌辨識

成功的國際品牌，譬如自行車的捷安特、手錶的勞力士、影音光學產品的 Sony、名筆的萬寶龍、女裝的香奈兒、皮件的 LV、宏達電的智慧型手機、品客洋芋片、伯朗咖啡、日立、飛利浦、Motorola 等，……，都有獨特的品牌辨識。品牌識別體系是國際品牌的身分證，不但能彰顯企業精神所在，又能成為國際行銷的利器。品牌識別系統是在一個總體精神架構指導下設計，因此，國際品牌符號、標幟、品牌人物、品牌口號、品牌短歌，

甚至顏色的搭配，都不應該出現各自為政的現象，而是不可分開的一整組。

一、建構國際企業識別系統(Corporate Identity System，簡稱 CIS)目的

為什麼要如此費心的，建構國際品牌辨識的系統？因為對外能有助於國際企業形象的統一和強化，以及強化國際行銷力量與品牌知名度；對內又能凝聚員工向心力，增強自我認同感與價值觀。尤其目前產品琳琅滿目，價格激烈競爭，品牌能夠使消費者輕易認出產品或服務的供應者，所以企業打造企業識別系統，已成為刻不容緩的當務之急。除此之外，還有四項重大目的。

（一）獨特形象

國際品牌可以賦予商品形象，產生商品的獨特性格，並構成辨識的重要指標。

（二）保證

國際品牌是消費者認識產品的重要媒介，也是產品來源及品質的保證，更可以節省消費者的選購時間！如此，不僅有助於保留老客戶，更可以經由老客戶的介紹，來吸引新客戶。

（三）鞏固市場

透過品牌的辨識，國際品牌能吸引消費者的注意，鞏固高忠誠度的消費群，進而有助於國際企業來區隔市場，建立長期正面的形象。

（四）信譽與價值

國際品牌的辨識，一旦深植消費者心中，其實用性與信譽價值，就不容易改變。因此，國際品牌的經營者，要充分發揮國際品牌價值和影響力，才能擴大國際市場，進一步贏得消費者的支持。

二、企業識別系統意義

國際企業將理念、風格、產品、行銷策略，運用視覺傳達等設計的技術，透過整體設計的表現，來塑造國際企業獨特化、一致化形象，使之有別於其他競爭者，而使國際消費者心中產生深刻的認知，最後達到產品銷售的目的。

三、企業識別系統內涵

涵蓋理念識別 (Mind Identity)、視覺識別 (Visual Identity)、行為識別 (Behavior Identity) 等三個體系。

（一）理念識別

讓消費者辨識到，國際企業的 (1) 品牌核心價值；(2) 對消費者承諾。

【案例】

BMW 提供的品牌核心價值，為舒適卓越的汽車；Volvo 提供給顧客的品牌核心價值為安全的汽車。

（二）視覺識別

以視覺識別系統，來統一國際企業的整體形象，這包括兩大部分：

（1）基本要素

國際企業名稱、國際企業標誌、標準字、專用字型、標準色、象徵圖形等等。

（2）應用要素

包括商標設計、人員名片、徽章、事務用品、包裝、招牌、座車外觀、指標系統、員工制服（上衣、領帶、褲子、裙子、外套、背心）、國際企業廣告、國際企業宣傳、徵才廣告等。視覺識別雖屬靜態的識別符號，但卻能以最統一、最具體化的方式，將國際企業精神、對消費者的承諾，傳遞給消費者。

【案例】

統一企業的「明日之翼」，味全的五圓、聲寶的六角 S，麥當勞（McDonals）取 m 作其標誌，顏色採用金黃色，它像兩扇打開的黃金雙拱門，象徵著歡樂與美味，把顧客吸進這座歡樂之門。

葡萄王品牌，藍綠橘 3 種顏色，代表國際企業核心價值——科技、健康、希望，這是要傳達給消費者→『以滿滿的微笑新希望，與最好的技術，成為你我身邊的守護者』意象。

（三）行為識別

行為識別是為了具體實踐國際企業的使命、願景，所有國際企業成員共同的表現。譬如王品集團，要求員工對消費者的笑

容，必須露 7 顆半的牙齒。那「7 顆半的牙齒」，就是行為識別。因此一個成功的國際品牌，應該系統性的持續教育員工，使其充分掌握品牌意識、品牌定位與價值。

第五節　建立特有的國際品牌故事

品牌「是很有個性的」，每個國際企業從建立開始，到跨足海外國際市場，真是千頭萬緒、千辛萬苦。其中一定有心酸的地方，也有開花結果的喜悅，這些點點滴滴是不是可以歸納成為認識這個國際品牌的關鍵？

一、國際品牌故事的重要性

國際品牌故事對消費者、通路及企業文化，都具有極為重要的意義。因此，國際企業的經營管理者，有必要完成專屬自己特有的國際品牌故事。國際品牌故事的重要性，分別從消費者、通路及國際企業文化角度，來加以論述。

（一）對消費者而言

真實的傳奇故事，會賦予國際品牌生命。人們所購買的，往往不只是商品，而是一種他們嚮往的生活方式。國際品牌故事屬文化的、具象的認同與嚮往，具有深沉的消費吸引力。

（二）對通路而言

國際品牌的故事、理念，可以幫助國際通路在介紹闡述商品的過程中，有更多的切入點，來帶出產品的專業、功能及品質。

（三）對國際企業文化而言

國際品牌故事能對員工產生激勵的效果，可維護品牌的形象。

二、國際品牌故事

傳奇、生動、有趣的品牌故事，常常能夠讓品牌自己說話，更重要的是把國際品牌，從冰冷的物質世界，帶到一個生動的情感領域，因而更容易使國際品牌讓人印象深刻且耳目一新，也容易使口碑相傳的擴散力量更大！以下就有一些案例可供參考。

（一）LV

這堪稱是名牌奢華的領導者，一舉一動都左右時尚風潮。創該品牌的設計人原是捆工學徒 (Louis Vuitton)，他專門替貴族王室，捆紮運送長途旅行的行李。後來他發明一種方便疊放的長方、防水皮箱。雖經歷鐵達尼號的沉船意外，但撈起來之後，居然發現 LV 品牌的皮箱，竟然滴水未進，其耐用程度頓時舉世聞名。

（二）香奈兒(Chanel)

香奈兒女士早年在孤兒院成長，歷經過人世間的坎坷。1910年有人送她 “COCO” 的綽號，後來就以此作為她創立公司的品牌重要識別。CoCo 香奈兒女士自西敏公爵的衣櫃中，發現「男裝女穿」也很有特色，因而發展出香奈兒 (Chanel) 甜美、優雅的品牌設計風格。

（三）Celine

以法式優雅融合美式休閒，樹立風格的 Celine 品牌，其成功看準二次大戰後的嬰兒潮商機，因此從 1945 年開始，發展舒

適獨特的高級童鞋，因為熱賣而逐漸擴展產品線，最後發展成為服裝品牌的時尚先驅。

（四）GUCCI

1898 年，一位叫 Guccio Gucci 的熱血青年，從義大利前往英國倫敦，去實現自己的理想。他在倫敦的一家旅館，找到一份工作。在這段時間裡，由於接觸許多社會菁英名流，因此培養出高尚的品味。後來回到家鄉後，開始將時尚風格結合在皮件的製品上。累代的經營，時至今日已發展成全球家飾品、寵物用品、絲巾、領帶、女裝甚至手錶的時尚領導者。

三、國際品牌故事重心

在整理歸納品牌故事時，不要太複雜，重點在於凸顯品牌精神的細節。故事內容盡量要清晰 (Clarity)、一致 (Consistency)，和具有獨特的個性 (Character)，使消費者能知道品牌真正的精神所在。譬如，這個國際品牌一開始創業的過程，是如何地艱辛，創辦人又是如何堅持，最後如何讓品牌誕生等正面價值。因此，國際企業應該要蒐集、彙整組織現有的資料，轉換為品牌故事可用的素材，掌握品牌故事的撰寫技巧，寫出獨特專屬且打動人心品牌故事。

在進行撰寫的過程中，國際品牌故事最主要的重心，主要在於六方面：(1) 所在地域或國家特質，對品牌創立的影響；(2) 創業過程中感人的心酸史；(3) 國際品牌經營理念；(4) 國際品牌意義延伸；(5) 社會文化風潮；(6) 國際企業在困境中的抉擇（所堅持的價值）。

第六節　國際品牌代言人

2013 年國際智慧型手機大廠，競爭的硝煙戰火四射，產品除比硬體規格、軟體創新外，砸錢行銷找代言人也不手軟。譬如，宏達電旗艦型智慧型手機新「HTC One」，砸重金聘請好萊塢巨星小勞勃道尼 (Robert Downey Jr.)，作爲全球品牌的代言人。

一、品牌代言人功能

品牌代言人 (endorser) 屬特殊的廣告方式，是基於「消費者的購買行爲，常會認同意見領袖」的觀念，所衍生出來的戰略，期望能對產品產生好感。所以品牌代言人是一種情感性的訴求，主要是用來勸服消費者，使消費者在代言人與產品之間，產生情感聯結，以強化消費行爲。

只要用得好，代言人絕對能對品牌或產品加分。尤其是新品牌問世時，最適合利用知名度高的代言人並結合娛樂產業，以快速擷取消費者的目光。品牌代言人主要的廣告效果，有四方面：(1) 引起國際消費者的注意；(2) 使得廣告主的品牌名稱、形象，能迅速成爲消費大衆記憶的一部分；(3) 建立獨特的國際品牌形象；(4) 將消費者對代言人的情感，轉移至產品上，產生購買產品或服務的消費行爲。

二、代言人類型

依據不同代言類型，可略分爲四大類：

（一）名人(Celebrity)

指其成就專業領域與推薦產品之間，無直接相關的公眾知名人物。運用名人來代言，是期望以名人的知名度或個人魅力，引起消費者的注意，並改變對商品的觀感及態度，達到企業的目的。名人代言相當常見，大多數的明星演藝人員代言皆是。

（二）專家(Expert)

在該代言產品的領域上，具有專業知識與權威者，使人相信代言人對產品的背書和認同，是出於專業的判斷。

（三）公司高階經理(CEO)

國際企業本身便有相當的規模及知名度，可以影響到消費者的注意。國際企業經理人藉由在企業的地位及權威，來加以代言。

（四）典型消費者(Typical Consumer)

指一般大眾代言，如請一般對該產品有需求的人代言，該代言人與一般廣告觀眾處於相似的地位，令人感到親切自然，進而採信其說法。

三、挑選代言人的標準

成功的代言人，應該是具有魅力且值得信賴，詳細可分為六大特質：

（一）吸引力

指消費者認為代言人具有魅力、獨特的個性，及令人喜愛的特質，如姣好的外表、親切的個性，或是讓人喜愛的生活風格。國際品牌代言人可以藉此吸引消費者的注意力，並對其推薦介紹

的產品，產生正面的印象。

（二）可信度

這是指消費者認爲代言人，是否具備誠實、正直等特性，以及代言人在目標顧客心中，是否是誠實、正直，可託付的人。

（三）專業性

指消費者認爲代言人，具有論證產品的專家知識程度，包括專業資格、權威感、能力，對某領域耕耘多年，被公認爲是這個領域的專家。

（四）知名度

指消費者是否能快速知道代言人，而獲知對該品牌及產品訴求的程度。

（五）受到尊敬的程度

代言人某些行爲或是成就，是目標客群所景仰。

（六）相似度

和目標顧客有相似的年齡、性別、生活方式。

挑選代言人最重要的不是知名度，而是吻合品牌的個性、定位，以及代言人是否引起目標對象的認同感。此外，代言人的形象、穩定度和道德，以及他是否打從心底認同品牌，都是評選的標準。因爲他的一言一行，都影響著國際品牌，所以不可不慎。

一、推動品牌會帶來哪些利益？

二、請說明國際品牌對消費者，會產生哪些重大功能？

三、請說明英國 Interbrand 公司，對品牌評價的方法？

四、請寫一個國際品牌的故事，並思考其吸引人的地方？

問題與思考 (參考解答)

一、推動品牌會帶來哪些利益？

答 （一）較大的忠誠度；（二）面對競爭性行銷活動時較不脆弱；（三）面對行銷危機時，較能經得起考驗；（四）較大利潤；（五）消費者反映漲價時較無彈性；（六）消費者反映降價時較有彈性；（七）較多商業（經銷商）合作與支援，較高之合作與支持；（八）增加行銷溝通的效果；（九）可能的特許機會，（十）增加品牌延伸的機會。

二、請說明國際品牌對消費者，會產生哪些重大功能？

答 國際品牌對消費者，具有五項重大的功能：（一）辨識產品的製造來源；（二）降低購買搜尋成本；（三）追溯產品責任、降低購買與使用風險；（四）提供產品或服務一致的品質、推廣、通路、價格的承諾；（五）象徵品質訊號。

三、請說明英國 Interbrand 公司，對品牌評價的方法？

答 英國 Interbrand 公司評價法：品牌價值＝品牌收益 × 乘數，乘數的具體因素是 (1) 領導地位 (Leadership 25%)：該品牌

市場佔有率；(2) 穩定性 (Stability 15%)：主要是品牌存在歷史長短；(3) 市場特性 (Market 10%)：快速消費品比工業、高科技品牌價值高；(4) 國際化 (Geographic spread 25%)：國際性品牌比地方性品牌價值高；(5) 潮流吻合度 (Profit Trend 10%)）：是否符合長期趨勢發展；(6) 支持度 (Support 10%)；(7) 受保護程度 (Protection 5%)：保護商標註冊及智慧財產權等情況。

四、請寫一個國際品牌的故事，並思考其吸引人的地方？

答 LV：這堪稱是名牌奢華的領導者，一舉一動都左右時尚風潮。創該品牌的設計人原是捆工學徒 (Louis Vuitton)，他專門替貴族王室，捆紮運送長途旅行的行李。後來他發明一種方便疊放的長方、防水皮箱。雖經歷鐵達尼號的沉船意外，但撈起來之後，居然發現 LV 品牌的皮箱，竟然滴水未進，其耐用程度頓時舉世聞名。

第十章　國際企業倫理

學習目標

一、國際企業倫理的重要性

二、國際品牌時代的倫理功能

三、國際企業的生產與作業倫理

四、國際企業的行銷倫理

五、國際企業的人力資源倫理

六、國際企業的社會責任

台商也缺德？

　　全球最大運動休閒鞋製造商、台灣寶成集團的子公司裕元工業，在中國廣東珠海、東莞、中山、江蘇太倉等地設有廠房，其中東莞市高埗鎮的裕元鞋廠，自1988年設立以來形成多個廠區，員工6萬多人，為全球30多家知名鞋類產品公司代工，是耐吉（Nike）、愛迪達（adidas）、Reebok等名牌運動鞋最大生產基地。然而在2014年卻被中國員工質疑，廠方以臨時工標準為其購買社保，並簽訂法律無效的勞動契約，欺騙員工十多年，導致他們僅能支領較低的養老金。所以東莞高埗鎮裕元鞋廠數千名員工，在2014年4月5日上街抗議。

國際企業倫理是一項非常新的領域，也是經濟全球化時代，所不可或缺的。譬如我國的頂新集團，在大陸用不實的礦泉水廣告，在台灣又涉及 2013 年的假油風暴。民進黨立委吳秉叡更指出，大統以每公升新台幣 100 多元賣給頂新，頂新再用 265 元賣給味全，賺取暴利，等於自己的公司再以更高價賣給上市公司，不僅對味全小股東不利，甚至涉及掏空、利益輸送，這都是很缺德的商業行為！為使學習者能迅速進入，所以本章將以較多的案例來引導。

第一節　國際企業倫理的重要性

　　道德是國際企業倫理的核心，而倫理又是國際企業整體管理的核心，所以國際企業若丟棄了道德，不但不能造福人類，反而可能成為禍害的根源。所以國際企業一定要講道德！但不幸的是，很多的國際企業不講道德，因而造成許多駭人聽聞等事件。沒有道德的企業，對消費者與社會都是傷害（生產汙染與假商品），對政府也是傷害（逃漏稅），對於企業全球化的發展，與永續經營都埋下了炸彈。

　　蘋果創辦人賈伯斯生前最後的遺言，可以給這些缺德的國際企業決策者，一些經營的重要思考。他說：「作為一個世界 500 強公司的總裁，我曾經叱咤商界，無往不勝，在別人眼裡，我的人生，當然是成功的典範。……此刻，在病床上，我頻繁地回憶起我自己的一生，發現曾經讓我感到，無限得意的所有社會名譽和財富，在即將到來的死亡面前，已全部變得暗淡無光，毫無意

義了……上帝造人時，給我們以豐富的感官，是為了讓我們去感受他，預設在所有人心底的愛，而不是財富帶來的虛幻。」

　　從日本 311 大地震、大海嘯，可以發現人的一生，汲汲營營在追求的，甚至窮畢生之力所得到的成果，譬如美景房、花園、汽車，當大地震、大海嘯來時，竟然如此不堪一擊！這就值得我們省思了。因為人若用心血、生命，甚至很多不道德的手段，所得來的「東西」，竟然瞬間都可能消失！那麼還有必要如此追求，而且常是以不道德的方式追求，是否應該有所深思與調整呢？

　　國際企業頭頂別人的天，腳踏別人的地，若仍倚靠雄厚財力，而幹出違反倫理的事，這等於是在自己的企業裡埋下了毀滅的地雷。如果把國際企業比喻為一棵大樹，那麼企業倫理道德，則有如樹根般的重要。若樹根已腐爛，不管樹多大多茂盛，已可預見的是，這棵樹終將枯萎。為什麼這樣比喻呢？因為倫理道德是企業永續生存的基礎，若一味不顧道德的去追求財務目標，反而常會造成企業的危機。可見喪失企業倫理，對國際企業而言，等於是生死存亡的危機。因此，唯有真正實踐商業道德，才是企業長期生存的王道。

　　「現代經濟學之父」亞當‧史密斯（Adam Smith）的鉅著《道德情操論》（*The Theory of Moral Sentiments*），指出有三種力量，可調整經營者的私慾，一是良心，二是法律，三是上帝所設計的地獄烈火。從許多缺德的國際企業，可以發現良心、法律，似乎都失去效用。至於地獄烈火，他們似乎還未能體會那個嚴重性。但缺德的企業，的確會傷害企業自身，以下從四個方面來論述國際企業倫理的重要性。

一、領導階層

　　爵士樂團組織的成員，往往是由五到九人組成，交響樂團達一、二百人之規模，樂團指揮的每一個動作，都牽動著整體樂團演出的成敗。所以當現場演出氣氛改變，樂團領導者就需要調整曲目的內容，即興式地帶動整體現場的情緒，達到賓主盡歡之境界，所以指揮極為重要。各級領導者就如不同層次的指揮一樣，是組織的樞紐、士氣團結的核心，商場與職場決勝的關鍵要素。以國際企業領導階層來說，其倫理主要有兩個部分，一是專業與顧全大局，二是領導道德。兩者缺乏任何其中之一，都是缺德。缺德的領導階層，常會刻薄寡恩、沒有信用，利用完部屬之後，當作衛生紙或廢棄物一樣的扔掉。事實上，領導階層若是欠缺企業道德，領導階層常隨利益的轉變而轉變，久了就會出現領導無方，迫使部屬無奈的跳槽，最後導致國際企業的競爭者越來越多。

　　將帥無能累死三軍，缺德的國際企業領導人，更易導致國際企業的重大虧損，尤其是是掏空公司資產等違法的勾當，譬如，以 2002 年美國爆發的「安隆事件」為例，當時儘管它是全美第七大企業，而且從事的產業是具強勁成長的產業，老闆 (Jeffrey Skilling) 還是哈佛商學院 1979 年班的明星，但因為缺德，最後還是破產了！又如，造成全球奶粉汙染危機的中國公司三鹿集團，曾釀成約三十萬名幼兒生病、六名嬰兒死亡的巨禍，集團也因此在 2008 年 12 月破產。

　　當然危機也可能是在「產、銷、人、發、財」等領域，因為領導者缺德，而遭致社會或消費者的重大傷害。譬如，2012 年 1 月 13 日晚上 10 時半，「歌詩達協和號」（Costa Concordia）原本載著 3 千多名乘客和 1000 名船員，由奇維塔韋基亞港口出發，

展開遊地中海的行程。但是在開船後約 3 個小時，在義大利西北部附近撞到障礙物。在一聲巨響之後，突然停電，船身出現 50 米的裂痕，不斷入水。也因此，造成 17 人死亡，16 人失蹤。當乘客非常惶恐不安的關鍵時刻，船長斯凱蒂諾 (Francesco Schettino) 竟然棄職潛逃，放任 3 千多名乘客，和 1000 名船員於不顧。由於船長沒有堅守崗位，離棄乘客及船員的行為，成為全球大新聞，已危害企業的生存與聲譽。

　　有一個例子剛好和上面所述相反，而是領導人深具專業，又能盡責到底的保護消費者。譬如，發生在 2009 年 1 月 15 日下午，有一架全美航空公司 (U. S.Airways) 的客機，從紐約拉瓜底亞機場起飛不久，疑因吸入鳥群，造成兩具引擎同時故障。在此極度危險的狀況下，機長蘇倫柏格 (Chesley B. Sullenberger III) 隨即聯絡塔台，告知「遭受鳥襲」，引擎失去動力。機長眼見無法折返拉瓜底亞機場，距離其他可降落機場又遠，當機立斷轉向哈德遜河 (Hudson River) 迫降，並以廣播告訴乘客「提防衝擊力道」，隨後客機緩緩朝河面滑降。這次能夠成功平穩迫降，全賴機長蘇倫柏格個人飛行經驗和沉著應變，以機尾式降落，避免機身解體造成更大傷亡，成功帶領一百五十四人死裡逃生！美國媒體將他捧成「哈德遜英雄」，其中最令人欽佩的是，蘇倫柏格先讓一百五十五名乘客和機組員，全部離開機艙後，還在機艙內來回巡視兩次，確保機艙內沒有人，最後才撤離。

二、員工

　　當國際企業內部倫理不彰，道德規範不明時，員工常常找不到公司存在的意義和榮譽感。對於一個講求倫理、重道德的員工

而言，此種認定對其自我概念，將是很大的衝擊。因為在其自我定義中，將產生「我是這間沒有倫理公司的一份子」的界定，因而，其對組織變得無法認同是可以預見之事，而離開組織亦屬必然。

此外，當員工離職後，也會將國際企業如何違反道德與法律的黑暗面，曝露出來，或是暗中檢舉，讓違反道德或法律的營運公諸於世。此時，當地國的政府必然要介入，這就會對國際企業造成危機。

三、團隊戰力

國際企業缺德的氣氛一旦形成，同僚之間常易爭功諉過，惡意攻訐，背後詆毀，使對方在分工過程中所必須得到的協助，統統以「正大光明」的理由，來停止相關的援助，使對方的任務無法達成。譬如，「本單位正進行一項非常重要的任務，大家都已經忙得昏天黑地，所以無法抽調人力（或供應其他所需的資訊）」，這種建立在「別人的失敗，就是自己的成功」上（尤其當別人失敗或被裁員時，不但沒有憐憫之心，反而心中拍手叫好）；下級對上級，表面討好，背後詆毀叫罵。對於所交代的任務，則陽奉陰違，甚至引起長官和長官之間的誤會，最好是看到更上級的長官，來修理自己的頂頭上司。或在上上級的長官交代重要任務，尚未傳達任務之前，先填妥假單請假去，讓自己的頂頭上司，吃不完兜著走！這樣的企業，能永續生存嗎？人才願意在這樣的企業嗎？

四、消費者

西諺說：「好的道德，就是好的經營 (Good ethics is good business)。」在講究國際品牌的時代，關鍵就在於對消費者的承諾。如果連基本的倫理道德都沒有，又何來承諾？承諾又如何能被實踐？所以國際企業要真正進入品牌的核心，沒有道德是不行的。事實上，國際企業若能真心遵循倫理道德，這將有助於國際企業降低糾紛、避免危機、降低商業成本、增強品牌知名度、資金來源，與增進組織的戰力等。

目前國際社會較重視企業倫理，涵蓋環境倫理、政商倫理、行銷倫理、勞資倫理、股東倫理，徵才倫理與競爭倫理等。商場實務案例證明，那些表面看起來似乎對企業不利，但是勇敢的實踐倫理的決策與行為，哪怕自己的企業遭遇損失，但是會更讓社會及消費者感動。

（一）正面案例

2008 年四川發生大地震，5 月 14 日大潤發立即緊急向大陸各省營業據點，調集五千萬現金，並透過深圳發展銀行，匯到四川賑災指定帳戶，成為台灣第一家捐助四川大地震的企業。雖然金錢有損失，但因為大潤發的倫理作為，因而奠定該企業在大陸老百姓心中的地位，使得大潤發在大陸快速發展。

日本311大震，所造成的海嘯與核災，但台灣人民伸出援手，看起來是損失金錢，但後來日本與台灣，迅速簽定經濟合作協定，以及日本人的感謝，對台灣都是加分作用。

（二）負面案例

知名的星巴克咖啡，在九一一事件發生地點的附近，因救難

人員在搶救過程非常口渴，向這家咖啡店要一些開水喝，結果店員向這些疲憊的救難人員，收取開水的費用。整個事件公布之後，美國社會輿論譁然，造成星巴克咖啡形象破損的危機。雖然事後這家咖啡店一反常態，送咖啡、送飲料，而且道歉，但就差這麼一點點，整個企業形象卻受到重擊！

第二節　國際品牌時代的倫理功能

　　根據《財星》雜誌報導，沃爾瑪百貨是全世界最大的百貨公司，在 2006 年 6 月 1 日，就設立了「全球倫理辦公室」。公司希望藉由這樣的一個辦公室，傳達訊息給全球的利益關係人。這個辦公室提供了依據全球倫理聲明，來做決定的準則，以及可撥打「倫理求助專線」，並針對其企業內涉嫌違法的行為，進行匿名的檢舉，就已充分凸顯倫理道德在品牌時代的重要性。

　　在品牌競爭的時代，品質與設計已經是基本的要求，重要的是如何爭取消費者的信任。企業倫理正是可以幫助企業真正實踐其品牌特色。以下將品牌時代的企業倫理功能，具體分項的說明。

一、降低糾紛

　　在二十一世紀各項經濟活動，已不完全是你輸我贏的零合遊戲，而是商業活動每一個參與者，包括廠商、員工、消費者、社區民眾及大自然環境都贏的時代，故「全贏」是二十一世紀商業經營的重要精神。要達到這個目標，倫理道德就扮演極為重要的角色。反之，「無商不奸」、「人無橫財不發」的觀念，即或僥倖

偶得某項契約，或欺騙了消費者，必然會衍生後續許多糾紛，對於身在別人土地上的國際企業，有必要惹這種糾紛嗎？還是給人正直誠實的國際企業形象呢？

企業倫理才是企業永續經營重要的關鍵因素。在新世紀誰能掌握企業倫理，誰就能擁有社會的信任，減少不必要的糾紛。就我國的企業而論，保力達公司的「毒蠻牛」，金車飲料公司伯朗咖啡的「中毒」事件，都凸顯公司寧願賠錢，也要重視消費者健康，這種誠實負責的品牌精神與核心價值，絕對是消費者信任的對象，也是企業永續經營的保證。

二、避免危機

從許多破產的國際企業中，可以明顯看出，有許多事導因於企業道德的問題，例如執行長 (CEO) 過度的權力、詐欺、內部交易，甚或做假帳虛報營收，以欺騙投資人等不倫理的事件。換言之，當國際企業不按道德規則而行，勢必處處產生危機。若有倫理道德卻不遵行，導致不安全的產品、不誠實的廣告，這些不但會重創社會，更會傷害到自己的企業。譬如，造成全球奶粉汙染危機的中國三鹿集團的國際企業，在 2008 年 12 月申請破產。有鑑於此，國際企業應特別重視企業道德，本身更可以先從「利己」的社會責任做起，進而提升到「利他」的倫理層次，以塑造全球化環境中，企業的競爭優勢，以及強化永續生存的現代企業形象。從 1990 年代安隆案爆發後，美國各大學紛紛開設企業倫理的課程，企業界並大筆資助幾所著名的商學院（尤其是哈佛、史丹福），希望在課堂加入企業倫理的案例分析，使美國的企業避免危機。

三、降低商業成本

具企業倫理的公司，由於不必浪費在賄賂、送禮、利誘等方面，不啻可以節省經費支出，同時也可能被列為可信度極高的廉能公司；同樣的，一個建立反賄賂方案的公司，則可避免公司及其關係企業，遭受法律制裁、被吊銷執照，或者被列為黑名單。不過或許有人認為，國際企業求生存最重要，若是企業活不下來，所有的倫理道德都是空談。事實上，許多國際企業常常用「求生存」，作為不倫理行為的藉口。但是更深層次的思考，若一個國際企業非要用不倫理的手段，才能繼續生存的話，那麼這表示該國際企業的經營能力，已經出現問題，在社會中並沒有繼續存在的價值。

一個嚴重缺乏誠信、爾虞我詐的商業社會，所帶來的不確定性，對國際企業整體經營而言，只有增加危機與困擾。日裔美籍學者 Fukuyama 在《誠信：社會德性與繁榮的創造》（*Trust: The Social Virtues and The Creation of Prosperity*）一書中也強調，假如同一企業裡的員工，都因為遵循共通的倫理規範，而彼此發展出高度的信任，那麼企業在此社會中的經營成本，就遠比缺乏社會倫理的商業社會來得較低廉，而且創新開發的成果更多。

常有人引用著名經濟學家傅利曼 (Milton Friedman) 的用語，指出：企業的社會責任，就是幫股東賺錢。這句曾經被奉為圭臬的名言，事實上，他更強調企業管理者，在追求股東的最大利益之際，前提應該符合社會基本規範（包括法律及倫理習慣）的基本要件。因為每個企業若僅以營利為最高準則，而將公義擺一邊，那麼就很可能花非常多的時間，來從事政商關係，甚至犧牲別人在所不惜，這樣的企業，難道不怕天理昭昭，一旦執政黨轉

換後的報應嗎！

四、增強品牌知名度

　　國際企業的形象是，企業在消費者心中的印象組合。國際企業若能以專業技能和資源，挹注當地國的公益活動，自然就容易激勵全體企業員工、供應商、顧客、政府官員，將公益理想視為己任。接著，這些個體會與局外人互動，然後對此一公益理想的支持就會擴散，公司的品牌與知名度，自然在遵循倫理、弘揚倫理的過程中，更廣泛地被宣傳。對於社會與企業，都有積極的幫助！

　　民國九十八年的「八八水災」，由於災情的慘重，鴻海集團總裁郭台銘在 8 月 14 日親自到災區，捐出新台幣 4 億元來賑災，同時也帶來鴻海集團研發的緊急照明設備，共捐出逾千支，希望災區未復電前，夜晚能有緊急照明，讓災民有安全感。當鴻海集團協助「八八水災」的災後重建時，該集團在社會大眾心中的形象，是維持原來的既有形象呢，還是會因此而大幅提升？相信這個答案是非常肯定！鴻海集團符合企業倫理的作為，會讓社會及災民感動，這不僅有助於在政府決策層的定位，同時對於中國大陸的品牌形象，甚至在全球市場來說，都是極為正面的。

五、資金來源

　　歐洲在 1980 年代對於「社會責任投資」（Socially Responsible Investment，簡稱 SRI）已經成形，也就是除了考慮傳統財務投資價值外，更將公司社會責任、公司治理與道德、環境政策等非財務因素納入投資評估。在金融海嘯之後，為降低投資風

險，全球「道德資金」已蔚爲風潮。所以企業倫理不只是爲公司贏得「正派經營」的表徵，更是投資大眾在投資之際，參考選擇的有力保證。2009 年 1 月 31 日<u>挪威</u>政府的石油主權基金，對於 Textron 集團違反人道製造集束炸彈，Barrick 礦業集團嚴重危害環境，決定把這兩家公司列入拒絕往來戶，並出脫全類持股。

一個正派經營及注重倫理的企業，必能爲自己塑造良好的企業形象，也能獲得企業內、外部顧客的尊敬與支持，獲得當地國政府的採購，銀行的貸款，進入國際市場的勝算也較高。對於國際企業所建立的「永續經營」目標，就比較可能實現。即使有一天要將公司出售，聲譽良好的國際企業，也會比較有人願意來承接。

六、增進組織戰力

倫理對企業經營與經濟發展的重要性，常爲人所忽視。訂有倫理規範的公司，提供員工良好的工作場所，容易建立良好的僱傭關係，以及鼓舞員工士氣。

第三節　國際企業的生產與作業倫理

國際企業在生產時，應注意對人的道德，以及對環境的道德。這兩者有時是分不開的，譬如，生產過程的噪音、有毒的廢氣、廢水，這些附產品也可能對員工產生立即或長久的傷害。一般而論，在國際上的生產及作業倫理方面應該注意的議題，有以下八方面：

一、投入與產出的責任

生產過程是產出的關鍵，但從許多國家的經濟發展來看，汙染都是相當嚴重的。以現在的北京、上海來說，霾害已讓這些城市，不再適合居住！因此，國際企業在生產與作業上，應該遵守的倫理有七項：（一）減少商品和服務的原料密集度 (material intensity)；（二）減少商品和服務的能源密集度 (energy intensity)；（三）禁止毒物的擴散；（四）提高原料的可回收性；（五）使可更新的資源，達到最大限度的永續使用；（六）延長產品的耐久性；（七）增加商品和服務的服務強度 (service intensity)。

譬如，以國際著名的面板廠友達為例，由於公司堅持綠色承諾的政策，在推動節能的部分，以 8.5 代新廠為例，於熱處理設備增加熱能回收設計，將排放的熱氣再利用，節省製程中所需熱能的電力，使每台設備節約 40% 的能源使用量；在製程的排氣口，加設小型風力發電機，每日可提供大於一百千瓦的電力，一整年下來可節省超過二十五噸的碳排放。除了原有的廠務水資源回收設備外，開發出製程的潔淨水，串連再利用的節水系統，使不同設備間，可以不需透過水回收處理，便能重複使用，如此每年可為公司節省三十三萬五千公噸的水。面板廠友達在投入與產出，負起國際大廠的道德責任。

但是很遺憾的，在「看見台灣」的紀錄片中，拍到日月光將高雄後勁溪水，染的一片血紅。高雄市環保局在 2013 年 10 月 1 日，也抓到該公司偷排重金屬的廢水。可恥的日月光竟然在自己的母國，拿到高額的補助款，賺到許多的錢，竟然是如此的缺德，如此的不負責任！

二、雇主對於勞工安全的責任

美國家電 RCA 曾是第一品牌，1969 年這家國際企業來台投資，廠房分別設在桃園、竹北、宜蘭，僱用員工高達二、三萬人，至 1992 年停產關廠。1994 年，環保署才揭露 RCA 在台設廠期間，違法挖井傾倒有毒廢料、有機溶劑（三氯乙烯、四氯乙烯等），造成了當地地下水和土壤的嚴重汙染。RCA 公害汙染事件爆發後，直到 1997 年才發現，已離職多年的員工，陸續傳出逾千人罹患肝癌、肺癌、大腸癌、胃癌、骨癌、鼻咽癌、淋巴癌、乳癌、腫瘤等職業性癌症。廠裡的老員工，至今回憶起來都感慨地說：「難怪那些外籍主管都喝礦泉水，只有我們這些傻工人，天天喝毒水，住在廠裡，吃在廠裡、連洗澡的水都是有毒的！」這家國際企業的缺德，終於也導致以破產收場。

目前造成職業災害的原因，可能為機械設備、物料原料、作業程序，或作業方法不當、緊急控制或預防設施缺乏，環境不適合或不佳，甚至個人因素，如不知、不能、不願、不顧，及草率等因素所造成。所以凡勞工因執行職務而遭遇災害，結果導致死亡、殘障、傷病，均可稱為職業災害。所以國際企業在生產時，應避免以下的職業災害：（一）防止機械、設備或器具等引起的危害；（二）防止爆炸性或發火性等物質引起的危害；（三）防止電、熱或其他能引起的危害；（四）防止採石、採掘、裝卸、搬運、堆積，或採伐等作業中，引起的危害；（五）防止有墜落、物體飛落，或崩塌等，引起的危害；（六）防止高壓氣體引起的危害；（七）防止原料、材料、氣體、蒸氣、粉塵、溶劑、化學品、含毒性物質，或缺氧空氣等引起的危害；（八）防止輻射、高溫、低溫、超音波、噪音、振動，或異常氣壓等引起的危害；

（九）防止監視儀表或精密作業等，引起的危害；（十）防止廢氣、廢液或殘渣等，廢棄物引起之危害；（十一）防止水患或火災等引起的危害；（十二）防止動物、植物或微生物等引起的危害；（十三）防止通道、地板或階梯等引起的危害；（十四）防止未採取充足通風、採光、照明、保溫，或防濕等引起的危害。

三、安全衛生措施

　　雇主對下列事項，應妥為規劃，及採取必要的安全衛生措施：（一）重複性作業等促發肌肉骨骼疾病的預防；（二）輪班、夜間工作、長時間工作等，異常工作負荷促發疾病的預防；（三）執行職務時，因他人行為所遭受身體或精神，不法侵害的預防；（四）避難、急救、休息，或其他為保護勞工身心健康的事項。

四、工時限制

　　在高溫場所工作之勞工，雇主不得使其每日工作時間，超過六小時。在異常氣壓作業、高架作業、精密作業、重體力勞動，或其他對於勞工具有特殊危害的作業，也應該規定減少勞工工作時間，並在工作時間中，予以適當的休息。

五、健康檢查

　　雇主於僱用勞工時，應施行體格檢查。對在職勞工應做的健康檢查有三種：（一）一般健康檢查；（二）從事特別危害健康作業者，應進行特殊健康檢查；（三）經當地國主管機關指定為，特定對象及特定項目的健康檢查。

六、醫護編制

事業單位勞工人數達到一定程度時，應僱用或特約醫護人員，辦理健康管理、職業病預防及健康促進等，勞工健康保護事項。

七、緊急疏散措施

由於工作場所因為條件改變、環境變化，如有造成勞工立即危險之虞時，雇主或代表雇主，從事管理、指揮或監督勞工，從事工作之工作場所負責人，應即令停止作業，並使勞工退避至安全場所。有立即危險之虞者指：（一）自設備洩漏大量危險物或有害物，致有立即發生爆炸、火災或中毒等危險之虞時；（二）從事河川工程、河堤、海堤或圍堰等作業，因強風、大雨或地震，致有立即發生危險之虞時；（三）從事隧道等營建工程或沉箱、沉筒、井筒等之開挖作業，因落磐、出水、崩塌或流砂侵入等，致有立即發生危險之虞時；（四）於作業場所有引火性液體之蒸氣或可燃性氣體滯留，達爆炸下限值之百分之三十以上，致有立即發生爆炸、火災危險之虞時；（五）於儲槽等內部，或通風不充分之室內作業場所，從事有機溶劑作業，因換氣裝置故障，或作業場所內部受有機溶劑或其混存物汙染，致有立即發生，有機溶劑中毒危險之虞時。

八、節能省碳

隨著人口成長及經濟快速發展，不當或過度開發行為，已嚴重影響環境生態、大自然調節功能，生態保育已為國際性共同關切議題。目前受全球暖化影響，氣溫持續飆高，冰融持續，島國

吐瓦魯準備「遷國」，以避免被海水淹沒。聯合國政府間氣候變遷研究小組 (IPCC) 指出，本世紀末海平面將上升一公尺，台灣如果海平面上升一公尺，全台面積 2000 多平方公里下陷地區，都將遭受嚴重傷害，如果繼續上升，屆時屏東縣林邊、佳冬、彰化，甚至未來連台北市也會泡在水裡，台灣一成多的土地都將「泡湯」而無法住人。因此，國際企業若能節能省碳，就是具有生產倫理。

第四節　國際企業的行銷倫理

全球各地雖因風俗、習慣、信仰及價值觀的不同，但對國際企業應該負責任的態度，卻沒有差異。所以對真誠能負責任的國際企業，起初仍有可能遭遇不順，甚至碰到危機，但因真誠能負責任的態度，必能敗中求勝，東山再起！現以我國台商案例為證。

在 2000 年 12 月 25 日，位於河南的丹尼斯百貨洛陽店，因裝潢工人不慎引燃火苗，造成丹尼斯百貨洛陽店大火。這場大火造成了三百零九人罹難，足以讓多數商人崩潰，但是擔任董事長的王任生，面對三百零九人死亡大火，他本可像一些沒有良心的商人，一走了之、離開大陸，來避開責任，但是他反而強調，就是傾家蕩產，也要賠！最後毅然付出近億台幣，來撫恤死者家屬。所以該企業雖有缺失，卻能勇於承擔錯誤，這就是國際企業基本的責任。現在的王任生集團，年營業額超過一億一千萬美元。在全美國有三分之一的聖誕燈串，是來自於王任生的東裕電器所製造，同時集團在大陸內地有四家百貨、十家大賣場，與

十二家便利商店，也曾讓河南省長打電話給鐵道部，派火車支援出貨，因而有人稱這位來自台灣的商人：「河南王」。

國際企業的行銷倫理，所要求的就是真誠，能負責任！至於負什麼責任呢？主要有六個部分：一、產品安全；二、服務忠誠與專業；三、標案不行賄；四、價格誠信公道；五、廣告真實可信；六、公平競爭。

一、產品安全倫理

產品安全倫理是國際企業行銷倫理的核心，沒有產品安全，其他的行銷，對消費者又有何意義？譬如，知名美容塑身業者媚登峰，有「瘦身女王」之稱的莊雅清，在民國七十四年推出媚登峰品牌，一句「Trust me, you can make it!」經典廣告詞為媚登峰打響知名度，事業版圖遍及中國大陸、加拿大等地，全台設有超過四十七家門市，近年更跨足健康體重控制、健康管理及醫療產業。然而卻在 2013 年，被台北市衛生局配合檢調稽查時，查獲 25 種逾期產品，包括過期 3 年的面膜。

又譬如，日本雪印乳業公司原來是業界聲譽卓著、信用可靠的一家公司。但是在 2000 年 6 月 27 日，它生產的低脂牛奶，發生數千名飲用者食物中毒的現象。為什麼會發生這種事呢？原來是員工不夠謹慎，將過期變酸的牛奶，倒入正常的牛奶槽中。日本雪印由於危機處理不夠迅速、產品回收與資訊公開太慢、對應措施不力，停工兩週造成的直接損失，就達一百一十億日元之巨，而間接損失則是嚴重損害雪印品牌。

二、服務忠誠與專業

　　就服務業方面，也應該有標準作業程序，並對員工嚴格的訓練，避免使消費者受到虧損。國際企業針對所提供的服務，應該對被專業服務的對象負責，譬如醫生應該對病人負責；工程師對工程負責；諮商師對被諮商者負責；教授對學生負責；保險員對被保險者；證券營業員對客戶等。國際企業若是若對服務對象欠缺忠誠度與專業負責任的態度，那將是很恐怖的事情。譬如，2011 年有 19 名參加東南旅行社，北越下龍灣 5 日遊的旅客。原本預定 2011 年 12 月 3 日 8 時 25 分班機，結果團員按預定時間，在清晨 6 時 30 分到機場集合，卻苦等不到領隊，眼睜睜看著班機飛走。原來是領隊睡過頭，結果使得行程被迫延誤。如果您準備很久，結果碰到這種事，您有什麼樣的心情？那麼這樣的專業服務人士，是不是欠缺專業的道德呢？

三、標案不行賄

　　國際企業在全球爭取標案，是很正常的現象，但是不應該行賄。一旦行賄，就是違反競爭倫理，甚至違法（法律是最低的倫理標準）。全世界知名的國際企業——德國「西門子」(Siemens)，同意支付八億美元罰款，與美國司法部達成行賄罪的和解。根據美國聯邦法院的判決書顯示，西門子為了爭取生意，在全球各地總計至少涉入了四千二百多件行賄案，行賄金額約為美金十四億元。例如，在中國大陸行賄美金近四千萬元，取得電力傳輸工程、醫療設備等合約；在阿根廷行賄美金四千萬元，取得製作全民身分證的合約；在香港行賄美金二千多萬元，取得地鐵工程合約；還在以色列、委內瑞拉等地行賄，金額也都在美金一千萬元以上。

四、價格誠信公道

價格倫理重在戒欺、重誠信，若無誠信，原訂契約中的價格，一旦急速下跌，對於不利的一方，很可能就毀約。可是誰也不知道下一個契約，在經營環境急遽變動下，原本毀約的一方，也可能被人毀約。換言之，若不遵守價格倫理的氣氛瀰漫整個社會，誰又能保證自己不受害？所以 1976 年度諾貝爾經濟學獎得主米爾頓‧弗里德曼說：「不讀《國富論》不知何謂『利己』。讀了《道德情感論》，才知道『利他』，才是問心無愧的『利己』。」

價格倫理也包括執行業務時，因缺乏專業或不細心，而導致自己、客戶的受害，這種現象在企業也極為常見。譬如，2009 年國際電腦大廠戴爾 (DELL) 在一個月內，出現兩起官網標錯價錢的烏龍事件，由於公司的疏忽，導致進退失據，且兩次都不接受用戶訂單，因而引發社會不滿與撻伐。其中原價 7500 元的 19 吋液晶螢幕只賣 500 元，20 吋液晶螢幕只賣 999 元。由於價格與實際相差過遠，因而成為網路熱門消息，結果一個晚上，該公司就湧入超過 10 萬張的訂單。

五、廣告真實可信

國際企業在別人的土地上，本應尊重當地的政府、風俗、民情及價值觀。但是很多企業挾其龐大資金，與運籌關係等能力，不但不尊重當地現狀，反而予以破壞。

（一）美國肯德基

肯德基是世界最大的炸雞快餐連鎖企業，肯德基的名字 KFC，是英文 Kentucky Fried Chichen（肯德基炸雞）的縮寫，這

個標誌已成為全球著名的品牌。但是在 2005 年肯德基在台灣，竟然從事不倫的廣告。當時肯德基透過「這不是肯德基」的軍中懇親廣告，把捍衛國家的士兵，描寫成為當家人來探親時，由於帶來的不是肯德基的炸雞，就直接倒在地上滾、哭鬧。肯德基以為這是好玩有趣，且迎合年輕人的口味，殊不知這樣會嚴重傷害毀損國軍的形象！國防部也緊急聯繫，但該公司非但沒有遏止該廣告，後來竟又緊接著第二支廣告「您真內行」，更直接傷害中華民國軍官的領導形象，這次廣告裡的人物是，看到長官走過來，故意將該商品拿出來，就連軍官都要致意，因為這是肯德基推出最新的食品。肯德基創辦人桑德斯上校，上校就是軍階，也是表彰他對肯德基州的貢獻。不知桑德斯上校看到他的企業，透過嬉笑怒罵的玩笑方式，來踐踏欺負他國軍人形象時，不知他的軍階還有什麼意義？肯德基敢把這種廣告的方式，去欺負美軍嗎？去欺負以色列的軍人嗎？還是敢去欺負中共的解放軍？如果不敢，為何要踐踏國軍呢？

（二）台灣康師傅

　　大統爆發假油事件的第 19 天，味全才因大統董事長高振利的爆料，而不得不承認味全的油品也摻假，才出面道歉。這說明味全很沒有道德！很沒有良心！其實味全頂新集團在大陸，也是幹這種缺德事。以活力清新為主軸，強打「喝越多，健康也會多更多」，是康師傅在大陸的礦泉水廣告，曾經攻占大陸電視媒體重要時段，產品市佔率更高居大陸第一。熱銷八年後，在 2008 年遭網友踢爆，其實康師傅賣的根本就是自來水！大陸中央電視台立刻追蹤報導，官方機構也介入調查。一開始，康師傅還強烈

反擊，最後才坦承所賣的礦泉水，是用自來水過濾出來的，因而重創康師傅形象！當然也把台灣人的臉，丟盡了！

六、公平競爭

國際企業在各國市場的競爭，這是屬於常態現象。但若使用不公平的卑劣手段，這就是不道德，甚至違反當地國法律。譬如，三星為爭取台灣智慧型手機的市場，三星不只花錢請特定的 3C 網站、部落客為自己說好話，還散佈不實的「個人使用體驗」抹黑對手，使得台灣的本土品牌 HTC，成為不公平競爭下的最大受害者。2013 年 4 月三星坦承找人扮成網友身分，批評其他手機，並提問三星手機好不好，沒想到相隔才 21 分鐘，「同一個帳號」隨即回文「自己使用得很滿意」。當時台灣三星在臉書發表聲明，承認有公司員工誹謗競爭對手 HTC，因員工「對上層提出的市場決策理解錯誤」，表示將會對此檢討並再教育。我國公平會說，如果涉嫌廣告不實，最高可處 2500 萬罰鍰，但如果涉及營業誹謗，則必須由受害者自行提告。

除以上所述的六大倫理，目前全球極為重視行銷倫理是綠色行銷，所謂綠色行銷是指行銷者，在進行產品、訂價、通路、促銷的行銷組合策略時，各項做法會考慮符合環保的需求，並積極鼓勵倡導「綠色產品」。當行銷者有這種綠色環保的觀念，能夠把再生紙（少砍幾棵樹）用在公司型錄、公司簡介、名片、信紙……等等印刷物上，也許更能得到消費者的認同，提升公司的公眾形象，反而更有助於公司產品的促銷，這就是公司考慮社會未來長期利益，奉行綠色行銷，無形中也為公司帶來利益。

第五節　國際企業的人力資源倫理

　　人力資源管理者的道德，會影響整個企業的走向，因此，一定要講道德！國際企業在人力資源管理方面，應該遵守的道德，最基本的有七大類：

一、領導道德

　　決策是領導的靈魂，也是領導過程中，最核心的成分。因為國際企業的盛衰，都在於領導人的決策。很多時候老闆決定了，但如果這件事情明知道是錯的，身為人力資源部門的主管，卻因為自己沒有道德勇氣提醒老闆，這是他個人失職。要對得起自己的良心，聽不聽那是老闆的問題，如何下決心，那是老闆的決策，但提出具良心的人資建議，則是人資份內的責任。不過在溝通時，當然可以有一些溝通的技巧，讓老闆更能接受具道德的人力資源建議。

　　國際企業經營者的胸襟和領導道德，是真正決定公司未來的格局和走向。台灣本田 (Honda) 總經理藤崎照夫也是持這種看法，他認為國際企業領導人的品德相當重要，因為他是企業的領導核心，如果不能以身作則，就會「上樑不正，下樑歪」。因為老闆若以財產擁有者的身份，以經濟資源為基礎，在企業內部又能壟斷權力，再由上而下干預專業經理者，甚至以惡意解雇，或以粗暴的方式，來控制員工，必然使員工難以生存。員工難以生存，離職率自然就高。員工離職率高，又會影響到對客戶的承諾。客戶的權益被影響，自然不會再次登門光顧（重購），惡性

循環下，企業還能永續生存嗎？

在領導倫理的部分，最重要的是不惡待部屬，這個部分有三點要注意的：

（一）不要當眾責罵

因為當眾痛罵部屬，會讓他覺得在眾人面前丟臉，非但無助於改善缺失，反而會心生怨恨。

（二）不要藉責罵來展現威風

有些主管藉由責罵立威，久而久之，部屬認為主管ＥＱ低、只會亂罵人，表面上唯唯諾諾，心裡卻不當一回事。

（三）不要做人身攻擊，或否定部屬的未來

責備時須將心比心，站在對方的立場想一下，不要口出傷人。例如：「你這種人以後絕不會有出息！」「你的能力，根本就不行！」如此全盤否定部屬，只會造成負面結果，怨恨主管，或乾脆辭職。

二、「用工」道德

美國 IT 網站 CIO.com 指出，蘋果的「用工」問題，引發全球的請願活動，目的是盼蘋果利用強大的影響力，推動供應商改善工作環境，並為其他企業做出表率。因此，想晉身蘋果電腦公司的供應鏈，除了技術能力、產品品質要到位，更要符合蘋果對於勞工權益的規範。現在蘋果每年都會到供應鏈工廠，進行兩次檢查，除了看廠、看製程外，還會看公司是否善待員工。首先，蘋果會要求供應商，拿出全公司的員工名冊，再隨機抽出數名員工，接受蘋果訪談，例如蘋果會問你，有沒有超時工作的狀況，

或者是你的老闆曾用「笨蛋」、「阿呆」等惡劣字語辱罵你嗎？一旦員工回答「Yes」，那麼供應商就會被記點，並要求限期改善。曾有一次，蘋果查出某台系供應商在大陸雇用童工，但原來是那位員工拿偽造證件，成功騙過公司而受雇，而非廠商故意雇用童工。不過蘋果查出後，仍要求廠商立刻送該員工回學校念書，並且還要替他支付學費，直到畢業為止。

三、建立組織制度道德

　　國際企業道德需要架構在，正式規章制度和規範下，這樣組織成員才比較能依循規範，達成組織對道德的要求。當國際企業內部倫理不彰，道德規範不明時，這對於後續招募優秀的員工，必然產生障礙。此種結果終必對組織，產生莫大的傷害。所以人力資源必須要做的事，就是建立組織的良心！

四、招募道德

　　當地國的法律，是國際企業必須服膺的最低道德標準。在招募道德上，若以我國來說，所應恪遵的根據是，民國101年11月28日公布的就業服務法的規定（第五條），雇主招募或僱用員工，不得有下列情事：

　　「（一）、為不實之廣告或揭示。

　　（二）、違反求職人或員工之意思，留置其國民身分證、工作憑證或其他證明文件，或要求提供非屬就業所需之隱私資料。

　　（三）、扣留求職人或員工財物或收取保證金。

（四）、指派求職人或員工從事違背公共秩序或善良風俗之工作。

（五）、辦理聘僱外國人之申請許可、招募、引進或管理事項，提供不實資料或健康檢查檢體。」

此外，也不可以有就業歧視，根據我國就業服務法的規定：「為保障國民就業機會平等，雇主對求職人或所僱用員工，不得以種族、階級、語言、思想、宗教、黨派、籍貫、性別、婚姻、容貌、五官、身心障礙或以往工會會員身分為由，予以歧視。」

五、職務要求的道德

由於工作機會越來越少，大家都會很珍惜得來不易的工作。但資方不應藉此而有剝削員工血汗的要求，造成員工過勞。所謂的「過勞」，是指工作負荷過重，超過體能所能負荷的範圍，而損及員工的健康。

六、建立職業道德(Professional Ethics)

狹義的職業道德，是指某些工作職位的人員，而對於該項職務有特別的要求，以符合消費者的利益。廣義的職業道德，則是指在職場上的每一個工作者，都有自己在個人崗位必須遵守的標準與規範。如果人資部門能將目前職業道德，融入在公司的管理制度規章中，使企業員工在職場中，知道哪些行為會被獎勵、哪些欠缺職業道德的行為會被處罰。如此則能導引員工的職業道德，自覺的遵守規定，同時也能降低職場內的衝突與委屈。

日劇半澤直樹說：「整我的人，我將百倍奉還」，這是職場

飽受委屈的發洩。根據 1111 人力銀行的調查，高達 7 成 8 的受訪者，認為職場鬥爭是必然的。但當遇到職場鬥爭時，4 成 3 的人正面迎擊，但僅 3 成鬥「贏」；5 成 7 的上班族，仍是選擇隱忍或退縮。所以建立職場道德，不只對消費者有利，對於職場的衝突，也會有降低的作用。

七、關廠道德

近年來勞力密集產業，陸續移往工資較便宜的印尼、越南等地，致使國內企業關廠、歇業的情況增加，也間接使得失業率大幅提升。許多企業在惡性倒閉後，負責人避不見面，暗地裡把資產移轉到海外，再起爐灶。而在原公司服務多年的員工，應領的薪資、退休金和遣散費，都沒有著落，因此引發激烈的抗爭行動，甚至還出現平交道臥軌的恐怖事件。這些都是涉及到企業裁員與資遣的道德。就我國的法律而言，這些都是有所規範的。譬如，關於資遣（裁員）的法規：1.《勞動基準法》第 16 條（雇主終止勞動契約之預告期間）；2.《勞動基準法》第 17 條（資遣費之計算）

第六節　國際企業的社會責任

國際企業進入別人的社會，也就成為別人社會的一分子，自然該盡當地社會的一份責任，此乃時勢所趨、國際潮流。在全球化競爭浪潮下，有愈來愈多的國際組織，開始推動企業社會責任的各項評鑑指標。企業若沒有企業社會責任 (Corporate Social Responsibility，簡稱 CSR)，實質的內涵與認證，幾乎就很難取

得國際大廠的訂單。所以要拿到國際的訂單，國際企業就不能疏忽企業的社會責任，以及相關對外的績效與表現。

　　究竟什麼是企業的社會責任？世界銀行 (World Bank) 定義為，「企業社會責任是企業，為改善利益相關者的生活品質，而貢獻於可持續發展的一種承諾」。世界企業永續發展協會 (World Business Council for Sustainability and Development, 簡稱 WBCSD) 定義是，「企業承諾持續遵守道德規範，為經濟發展做出貢獻，並且改善員工及其家庭、當地整體社區、社會的生活品質。」歐盟 (EU) 則認為「企業社會責任是，公司在資源的基礎上，把社會和環境密切整合到，它們的經營運作，及與其利益相關者的互動中」。本章所指的企業社會責任，是指國際企業從事合於當地國道德及誠信的社會行為，而且承諾持續遵守道德規範，為經濟發展做出貢獻，並且以改善員工及其家庭、當地整體社區、社會的生活品質為目標。

　　由世界銀行、世界企業永續發展協會及歐盟的定義可知，這種企業社會責任觀，乃是時勢所趨。由此可知，企業不能只滿足於做個「經濟人」，還要做一個有責任感和道德感的「社會人」。事實上，企業所獲得的利潤，並不單來自於企業經營的結果，有許多是來自於外環境的改善，諸如當地國的交通建設等，這些不都是當地國納稅人，透過政府對企業所進行的補貼嗎？更何況若沒有當地國大眾的消費，企業又何來營收與利潤？國際企業如果要長期經營，顯然必須要關心社會與其周遭的環境！設若每個國際企業都能多注重一點企業道德，以及應負的企業社會責任，那麼當地國的環境，就會因國際企業而更美好！

一、企業社會責任的國際趨勢

　　目前國際 CSR 所接受的標準，大都以「全球永續性報告指導綱要第三版 (GRI G3)」、英國所制訂的「AA 1000(2008) 標準」、以及國際標準化組織研擬之「ISO 26000」，作為企業社會責任的準則。其具體內涵的精神是，就是要對其利害關係人負責。例如，對消費者責任的實踐，顯示出企業管理對其顧客，提供的優質服務，包括全面的資訊、對顧客投訴的及時處理、以及產品的改良，和服務的提升，去增加顧客的滿足感。對員工責任的實踐方面，強調維持公平的組織原則和對員工的支持，當中包括對所有的員工，一律均平等對待、支持員工的學習發展，和取得工作與家庭生活之間的平衡。至於對投資者的責任，主要是將投資者的利益納入商業決策內、回應投資者的訴求，和為投資者提供具競爭力的回報。對在實踐地方社區的責任方面，公司自發性對所屬的社區，作出改善生活素質的承諾和參與慈善活動，例如，作出無償性的捐獻、贊助文化、體育和教育項目等。對環境企業的責任，則在於將環境可持續發展的目的，與企業策略和營運結合在一起，當中包括自願地遵守甚至超越政府環境法規所訂定的標準，和推行企業環境保護制度。

二、國際企業承擔社會責任內涵

　　國際企業承擔社會責任，可視為永續生存的必要行動，其內涵分為八大類：

（一）在製造產品上的責任

　　製造安全、可信賴及高品質的產品。

（二）在行銷活動中的責任

如做誠實的廣告等。

（三）員工的教育訓練的責任

在新技術發展完成時，以對員工的再訓練來代替解僱員工。

（四）環境保護的責任

研發新技術以減少環境汙染。

（五）良好的員工關係與福利

讓員工有工作滿足感等。

（六）提供平等僱用的機會

僱用員工時沒有性別歧視或種族歧視。

（七）員工之安全與健康

如提供員工舒適安全的工作環境等。

（八）慈善活動

如贊助教育、藝術、文化活動，或弱勢族群、社區發展計劃等等。

三、國際企業承擔社會責任案例

現今許多的國際企業，以日本為例，強調對社會可持續發展有貢獻者，都是 CSR 的重要內容，如節能降耗、汙染減排、再生利用、勞動環境、人才培訓、社會福利、公益事業等。以我國半導體的領導企業台積電為例，該公司將企業的社會責任政策，納入企業日常的經營理念中，該公司的企業社會責任理念有：

（一）堅持高度職業道德

台積電最基本也是最重要的理念，就是無論在執行業務、客戶關係、同業關係、用人等各方面，都堅持高職業道德標準。

（二）注意長期策略，追求永續經營

台積電強調長期策略規劃與執行的重要性，公司的存續與獲利，才是社會責任的基礎。

（三）客戶為伙伴

將客戶定位為伙伴，絕不和客戶競爭，視客戶的競爭力，為台積電的競爭力，如此才能存續台積電的成功經驗。

（四）最高品質原則

台積電強調客戶滿意度或品質，任務做到最好，更要隨時檢討，務求改善，追求並維持「客戶全面滿意」。

（五）營造具挑戰性、有樂趣的工作環境

台積電公司要塑造並維持具挑戰性、有樂趣的工作環境，俾吸引並留住志同道合而且最優秀的人才。

（六）兼顧員工福利與股東權益，盡力回饋社會

台積電公司強調提供員工一個同業平均水準以上的福利，讓股東的投資得到良好的報酬。同時，公司要不斷地盡能力回饋社會，做一個良好的企業公民。

四、提升CSR的執行績效

國際企業可從四個方面，來提升 CSR 的執行績效，這四個方面是：

（一）強化CSR的組織體系

於總公司增設統籌ＣＳＲ相關事務之專責單位，譬如像公共事務處，並於一、二級機構，指定推動 CSR 及對應各工作小組之專責窗口，以強化 CSR 的組織體系。

（二）建立與利害關係人之溝通及對話平台

加強與投資人、法人股東、供應鏈、公益合作伙伴、社區居民及各類利害關係人之對話，建立常態溝通平台。

（三）訂定企業中長期環保、綠能目標

將節能減碳、環保議題納入營運計畫，制定企業內部環保行為準則、手冊及綠能標準（CO_2 減量目標），加強企業內部及上下游供應廠商的溝通，一起遵循國際環境保護規範。

（四）鼓勵員工社會參與

方式是可以有提供公假、誤餐費補貼，及培訓課程等配套誘因，鼓勵並公開表揚員工投入志願服務，協助員工成立在地服務社團，開創公益活動機會，型塑企業志工服務的良善風氣。

問題與思考

一、蘋果創辦人賈伯斯生前最後的遺言，在強調什麼？

二、鉅著《道德情操論》（*The Theory of Moral Sentiments*），指出有三種力量可調整經營者的私慾，這究竟是哪三種力量？

三、國際企業應承擔哪些社會責任？

四、國際企業應遵守哪些人力資源倫理？

問題與思考 (參考解答)

一、蘋果創辦人賈伯斯生前最後的遺言，在強調什麼？

答 他說：「作為一個世界 500 強公司的總裁，我曾經叱咤商
界，無往不勝，在別人眼裡，我的人生，當然是成功的典
範。……此刻，在病床上，我頻繁地回憶起，我自己的一
生，發現曾經讓我感到，無限得意的所有社會名譽和財富，
在即將到來的死亡面前，已全部變得暗淡無光，毫無意義
了……上帝造人時，給我們以豐富的感官，是為了讓我們
去感受他，預設在所有人心底的愛，而不是財富帶來的虛
幻。」

二、鉅著《道德情操論》（The Theory of Moral Sentiments），
　　指出有三種力量可調整經營者的私慾，這究竟是哪三種
　　力量？

答 「現代經濟學之父」亞當·史密斯（Adam Smith）的鉅著《道
德情操論》（The Theory of Moral Sentiments），指出有三種
力量，可調整經營者的私慾，一是良心，二是法律，三是
上帝所設計的地獄烈火。

三、國際企業應承擔哪些社會責任？

答 國際企業承擔社會責任，可視為永續生存的必要行動，其
內涵分為八大類：（一）在製造產品上的責任：製造安全、
可信賴及高品質的產品；（二）在行銷活動中的責任：如
做誠實的廣告等；（三）員工的教育訓練的責任：在新技
術發展完成時，以對員工的再訓練來代替解僱員工；（四）

環境保護的責任：研發新技術以減少環境汙染；（五）良好的員工關係與福利，讓員工有工作滿足感等；（六）提供平等僱用的機會：僱用員工時沒有性別歧視或種族歧視；（七）員工之安全與健康：如提供員工舒適安全的工作環境等；（八）慈善活動：如贊助教育、藝術、文化活動，或弱勢族群、社區發展計劃等等。

四、國際企業應遵守哪些人力資源倫理？

答（一）領導道德；（二）「用工」道德；（三）建立組織制度道德；（四）招募道德；（五）職務要求的道德；（六）建立職業道德；（七）關廠道德。

Date _____/_____/_____

第十一章　國際企業危機管理

學習目標

越南大暴動　重創國際企業

2014 年中國與越南，在南海主權紛爭升溫之際，越南爆發大規模的暴動，台資企業因而遭到池魚之殃！平陽省的上千家台商，幾乎無一倖免，工業區像殺戮戰場。平陽省志威公司的老闆鐘毅鴻說，一個晚上被搶了四次。全球第一大製鞋代工廠寶成集團，也遭到嚴重破壞，台塑河靜廠被燒，一片狼籍！2014 年 5 月 19 日台塑越鋼廠舉行記者會，說明越南大暴動，造成 150 多人受傷，其中 4 名陸籍承包商員工死亡，其中 2 人被燒死、1 人被打死。台塑集團估計，損失約 300 萬美元。越南大暴動就是國際企業的危機，危機要不要處理？應該如何處理？這是國際企業不能迴避，也不能忽略的重要議題！

宏碁曾經是我國重要的國際品牌，但是在 2013 年，大虧 205.79 億台幣。從開除宏碁前執行長蘭奇 (Gianfranco Lanci)，到董事長王振堂下台，連續虧損三年，市佔率衰退幅度之大，居ＰＣ五大品牌之冠，營收也幾乎攔腰折半。在前景不明，未來不知何去何從的情況下，他的危機處理，將是能否東山再起的關鍵，也是台灣國際企業寶貴的一堂課。

第一節　危機對國際企業的殺傷力

雪印奶粉曾造成日本萬人中毒，三菱汽車瑕疵導致車毀人亡，三鹿奶粉傷害許多無辜嬰兒……，危機一旦爆發，壓力極大，破壞力極強，常令國際企業措手不及，可反應的時間極短、危機處理的選項極為有限等制約。再加上時間壓力的影響，所導致的七種負面效果：(1) 降低危機處理的能力；(2) 負面資訊重要性增加；(3) 防禦性反應，因而忽略或否認某項危機處理的重要資訊；(4) 支持原來既定被抉擇的選項，很難跳脫既有框架；(5) 不斷尋找資訊，直至時間耗盡；(6) 降低對重要資料判斷與評估能力；(7) 增強錯誤判斷與評估的機率。所以從國際企業危機事件的發生與處理過程，及其所付出的代價，可以發現不少國際企業危機處理的經驗，都是以血淚換取來的。所以國際企業必定要有完整的危機預防系統，為什麼一定要有呢？

一、國際企業必然爆發危機

人沒有不生病的，國際企業也沒有不發生危機的！國際企業

腳踏別人的土地，既要適應異邦的文化，又要服從別國的法律，所爆發的危機，可以說比國內企業更多、更嚴重！為什麼國際企業必然爆發危機？主要有三方面的證明：

（一）美國道瓊工業指數的歷史證明

美國道瓊工業指數 (Dow Jones Industrial Index) 自一八九六年創始至今，當初的上市公司，經過一個世紀的考驗，如今碩果僅存的只有奇異（公司）一家，其餘都從世上消失。奇異公司不是沒有預見危機，而是處理得當。

（二）企業生命期限

全球前 500 大企業平均壽命為 40 年；日本頂尖企業過去平均壽命為百年，一般企業平均壽命三十年；我國中小企業壽命約二十年；中國民企約七年半。

（三）500強企業普查

2012 年美國《危機管理》一書的作者菲克普，公佈對《財富》雜誌排名前 500 強的大企業董事長和 CEO，所作的專項調查，其中 80% 的被調查者認為，現代企業面對危機，就如同人們必然面對死亡一樣，已成為不可避免的事情。

二、危機爆發後的殺傷力

既然危機爆發不可避免，那麼國際企業在危機發生後，通常會出現財務危機成本 (Financial Distress Cost)，這包含直接與間接的成本。

（一）直接成本

常見的直接成本，如處理法律程序所耗費的時間；支付律師及會計師的費用；臨時處分資產的讓價損失。如果設計錯誤造成消費者的傷害，那直接成本就更大！譬如，日本車廠豐田汽車公司因為油電車 Prius 的 ABS 煞車系統，出現安全上的問題，因而引起美國國會的介入調查。然而豐田汽車卻未能即時提供資訊，且高層在第一時間還刻意隱瞞，造成美國及全世界對豐田的質疑，甚至懷疑豐田著名的「品管圈 (quality control circle)」是否失靈。在那次的危機中，豐田汽車公司宣佈召回賣出的 43 萬 7,000 輛汽車回廠維修，公司股價下跌 17%，更面臨多起法律訴訟。豐田未能及時的回應，並執行相關的補救動作，導致 2012 年 12 月日本車廠豐田汽車 (Toyota Motor Corp)，同意為其車輛意外加速的瑕疵，支出高達 14 億美元，作為美國索賠訴訟的和解金。

另如 2013 年波音 787 客機，因所採用的鋰電池，卻爆發自燃毀壞情況，因而導致日本航空公司飛機迫降事件，此危機遭到美國及日本飛安當局下令無限期停飛，直到問題解決為止。

（二）間接成本

客戶與供應商對公司喪失信心，所造成的訂單流失；在無現金流入的情況下，公司必須放棄具可行性的投資計畫；重要員工的離去；限制條款使公司失去財務操作的彈性。平常往來的上游廠商，也可能要求以現金付款的方式，取代平時的期票付款。

除了國際企業要付出重要成本，國際企業的負責人也可能須擔負責任。譬如，台日韓多家面板廠，因違反美國的反壟斷法。

結果從華映前董事長林鎮弘，到奇美電前總經理何昭陽，已有八位面板廠經理人在美坐牢。可見危機爆發後，有多麼嚴重的殺傷力！

　　國際企業為了解決危機，也很可能被迫裁員、關廠，並且賣出不動產，甚至無奈出售股份。譬如，2014 年法國標緻雪鐵龍汽車，雖然行銷全球，但是因為歐債危機影響，導致不斷的虧損，到 2012 年他們虧了 2000 多億台幣，2013 年每天的支出是 2 億 8 千多萬台幣，為了減少開支，不得不裁員、關廠，並且賣出不動產，但累積的債務還有 1200 多億台幣。

　　換言之，無論國際企業曾經有過多少輝煌燦爛的經營史，只要沒有危機管理，就有可能在危機的大浪中，消失的無影無蹤，具百年以上歷史的雷曼兄弟，以及八十五年歷史的投資銀行貝爾斯登 (Bear Stearns)，在金融海嘯均倒閉，這些都是重要的案例。所以國際企業有無危機管理，是企業永續生存的重要關鍵。如今國際企業危機管理，早已成為國際企業高階主管必備的技能。而且其主要核心精神，在於「預防重於治療」，「有效預防、快速處理」以及「及早偵測，及早治療」。

第二節　國際企業危機的內外來源

　　國際企業危機有內在的根源，也有來自外在環境的來源。其中來自內在環境的危機來源，有可能是資本能力、技術能力、商品、成本經營、人才、勞動力等因素所導致，而這些危機的化解，企業絕大部分可以反求諸己。但是，外在環境的危機，諸如匯率、

市場競爭、地震、瘟疫、軍事衝突，不僅非國際企業的主觀意志所能左右，反而會影響國際企業的生存與發展。

有學者曾將重創國際企業的危機，以內在及外在、人為及非人為等變數，將國際企業危機區分為四大類。一是內在、非人為危機，例如：工業意外災害，管線走火；二是內在、人為危機，例如領導人缺德、掏空、罷工、跳樓、集體貪污；三是外在、非人為危機，例如地震、海嘯、瘟疫、颱風；四是外在、人為危機，例如：仿冒、謠言、恐怖份子、產品遭人下毒。面對林林種種的龐雜危機，國際企業經理人必須扎扎實實，將危機管理內化成為營運的技能，才能化危機於無形，使國際企業永續經營。

一、國際企業危機的內部根源

（一）驕傲心態

國際企業的敗亡，常因營業額及獲利率的飆高，而沾沾自喜，甚至開始驕傲，而疏忽了危機的因子。聖經說：「驕傲在敗壞以先；狂心在跌倒之前。」像柯達曾經是世界上最大的影像產品公司，佔有全球 2/3 的膠捲市場，並擁有一萬多項專利技術，世界上第一台數位相機，在 1975 年就被柯達發明出來，結果竟在 2012 年 1 月申請破產。曾是手機代名詞的 NOKIA，曾經風行 60 多個國家，擁有 1.3 億讀者的《讀者文摘》，前者被迫賣給微軟，後者在 2009 年 8 月申請破產。管理大師柯林斯也有這樣的研究心得，他費了五年的功夫，深入研究十一家大企業，衰敗的案例，歸納在《從 A 到 A ＋》(*Good to Great*) 一書中，指出企業衰敗的關鍵，有五大階段，第一階段是驕傲自滿、停止學習；

第二階段是缺乏自律、盲目擴張；第三階段是無視危機、輕視風險；第四階段是盲目拯救、亂抓浮木；第五階段是無足輕重、走向衰敗。以前的柯達軟片、富士軟片等全球級的大企業，不都是如日中天，最後卻盛極而衰，甚至被市場淘汰。

（二）制度缺陷

我國著名的國際企業宏碁，在趕走前執行長蘭奇後，竟沒人能掌握直通消費者需求的神經，也沒人知道未來兩週，最影響客戶購買意願的關鍵零組件、關鍵通路，有媒體形容宏碁就像「無頭馬車」的大軍，這就是制度出了問題！一般來說，制度問題小則影響企業生存與總體表現，重則出現高人事流動率，如同人得了癌症一般。這些制度缺陷，最常出現在人事制度、績效獎勵制度、盈餘運用制度、組織制度、資源運用制度、改進制度、資訊制度。

（三）市場調查錯誤

市場調查就是運用科學的方法，有目的、有系統的搜集、記錄、整理，分析有關市場行銷資訊，進而擬定相關的行銷戰略活動。一旦最根本的市場調查有誤，就有可能錯估國際市場的情勢，使後續的行銷發生偏差，因而造成重大的資源浪費。

（四）發展策略錯誤

對國際企業來說，策略往往是發展的重大指標方向，是不能有錯的。然而在許多真實的經營環境中，企業卻常是經歷挫敗或困頓的事件以後，才領悟到以往的策略是錯誤的。藍色巨人IBM 曾稱霸電腦業三十年，卻因個人電腦的策略錯誤，差一點就遭市場淘汰。一般常見的策略錯誤，譬如高估市場規模、產品

設計出問題、產品之定位、定價或廣告策略錯誤、忽視不利之行銷研究結果……，都可能造成企業重大危機。以萬客隆在台灣發展為例，其策略主要錯誤有：(1) 未能掌握顧客需求；(2) 地點不佳；(3) 商業環境轉變；(4) 策略轉變太慢；(5) 市場定位錯誤。

（五）研發創新有誤或速度太慢

2001 年宏碁與緯創切割分家時，宏碁砍光研發，最後研發費用佔不到營收的 1%，宏碁只剩下行銷！到了新一輪行動裝置賽時，宏碁就像跛腳的短跑健將，導致淨利率直直落，怎麼衝刺都很難贏。

另外一個特殊的案例是雷曼兄弟，它走過兩次世界大戰、經濟大蕭條、911 恐怖攻擊，但 2008 年 9 月 15 日卻宣佈破產，而且是栽在自己的金融商品上，顯然此創新商品有誤。在美國財政部、美國銀行以及英國巴克萊銀行，相繼放棄收購談判後，申請破產保護，負債達 6130 億美元，結束 158 年的營運。此外，在全球化的時代，各國企業都在創新研發。產品開發進度緩慢，就是落伍！所投入的研發資金，也可能付諸東流。

（六）管理不嚴謹

員工的訓練與管理不嚴，對國際企業是很大的傷害！以下有個案例，譬如，俄國車諾比爾核電廠的爆炸危機，因反應爐的冷卻系統設計不良，以及缺乏防止輻射外洩的圍堵結構，固然是重要原因，然而如果沒有人員不當操作，也不會造成前蘇聯烏克蘭地區的重大災難。

另外，像日本雪印乳業株式會社大阪廠的第一線員工，未依衛生規定按時清洗集乳桶，並將未出貨或退貨之過期乳製品，還

重新加工生產。導致一萬多名消費者集體中毒，危機爆發後，第一線員工不僅沒有及時採取行動，也沒有向上級呈報，而企業的決策中樞，竟疏忽危機的嚴重性，因而導致危機持續升高，最後使整個企業的經營權轉移。此外，日本的零食大廠 Calbee 因為在生產過程中，可能摻入碎玻璃，所以在 2012 年 11 月 21 日宣佈，將回收名為「堅燒洋芋片」的 9 種包裝、534 萬 5000 包洋芋片商品。此舉影響企業形象，對財務傷害極大！

（七）欠缺公司治理

國際企業如果欠缺公司治理，就有可能像英國有百年歷史的霸菱銀行，被英國子公司的幹部李紳，盜用公司資金投資日經期貨指數，結果大輸，最後公司以象徵性的一英鎊被賣掉。這都是因為內部控制薄弱、管理混亂，而出現違法違紀事件、費用支出失控，財產物資嚴重損失等經濟現象。

（八）欠缺企業倫理

美國安隆 (Enron) 公司的破產，到前太平洋電信電纜公司遭財務長胡洪九掏空 200 億元案，都是因欠缺企業倫理，而導致這些原本績優的企業，竟然如摧枯拉朽般的倒閉。所以誠信、品質是不能打折的！尤其國際企業必須遵守倫理規範，方能防範缺德的營運，也才會在當地國受到尊重。受到尊重也才會有利潤，換言之，只有在倫理的基礎上，追求自利才能達成永續經營。

二、國際企業危機的外部根源

新興市場代表的是無窮的商機，但鎩羽而歸的國際企業，卻不在少數。最主要是因為，國際企業經營的外在環境，是會變化

的，以前不曾出現的危機，並不代表以後就不會出現。譬如，民國六十三年爆發世界第一次石油危機，當時每桶石油價格，從 2 美元暴漲六倍之多。這對於全球使用石油的化纖產業，所受到的衝擊頗深，甚至許多知名化纖上市公司，都不敵那一波的風暴，而被淘汰出局。2008 年的金融危機，許多百年老字號的品牌，如義大利的時尚產業品牌、美國金融業（雷曼兄弟、美林）、汽車業（通用汽車、克萊斯勒）品牌，韓國（三星）品牌、我國半導體產業品牌（力晶、茂德），日本電子產業 (Sony)、德國高級瓷器和餐具的代名詞 Rosenthal 品牌，全球原物料產業等品牌，幾乎都在生死邊緣掙扎。

國際企業外環境變化極快，譬如，2014 年泰國、烏克蘭的動盪不安，埃及的血腥衝突，這些對於在當地投資設廠的國際企業，都可能造成交貨期延遲的危機。至於銷售型的國際企業，也會造成某種程度威脅。哈佛大學教授波特（Michael E. Porter）提出外環境六大危機變數是，同業競爭的威脅、潛在競爭者的挑戰、替代品的壓力、供應者的背離、經營環境結構改變、市場需求萎縮等。

（一）供應者背離

產品若受到少數供應商壟斷，對供應商的依賴程度就愈高，受制於人的程度就愈高。如果這些關鍵性零組件供應商的背離，就會造成企業危機。鴻海 2013 年 1 月傳出江西工廠，千名員工罷工事件，這是屬於內部勞動力供應者的背離。

（二）市場需求不足

市場需求不足，屬於企業外環境的危機結構。因為有效需求

不足，就會使許多企業關門歇業。國內汽車廠在民國 70-80 年間，每年大約有 60 萬輛的市場，現在僅 25 萬輛左右，需求不足，所以國內汽車廠，不是倒閉就是出走，或是代銷國際大廠的利基型產品。再如 2000 年超越當時的龍頭惠普 (HP)，成為全球最大電腦製造商的戴爾電腦（戴爾股份有限公司），卻因 2012 年全球遭逢歐債風暴、美國經濟疲弱、大陸錢荒，在 2012 年市值損失了 40%，並欠了 45 億美元的龐大債務。最後又因智慧型手機與平板電腦迅速崛起，而出現大幅虧損，結果竟然在 2013 年 10 月下市。

（三）同業過度競爭

影響國際企業相互競爭的因素，有九大項：產業成長率、競爭者進入市場的速度、戰略性市場、高時間壓力或儲存成本、產品差異化 (Differentiation) 程度低、轉換成本 (Switching Costs)、退出障礙、高固定成本。

（四）替代品威脅

當出現下列四者的情形時，替代品的威脅就愈大：(1) 替代品的替代程度高；(2) 替代品的功能與品質，較原產品佳；(3) 替代品的相對價格更便宜時；(4) 消費者的轉換成本減少。目前已發生的替代品威脅，例如：手機取代「呼叫器」；CD 取代傳統唱片與卡帶；3D 動畫取代特技演員；無線射頻辨識系統取代結帳員；網路新聞取代紙本報業。

（五）經營環境結構改變

經營環境惟一不變，就是變！經營環境惟一確定，就是不確定！SARS、2008 金融海嘯、量化寬鬆政策、中東的戰爭，都是

屬於經營結構改變。

（六）潛在競爭者威脅

潛在競爭者的威脅，以《大英百科全書》(*Encyclopaedia Britannica*) 的危機案例，最具代表性！這家具有兩百年以上的歷史企業，同時也是全世界最具權威的參考書公司。1990 年時，《大英百科全書》的銷售額，達到歷史的高峰，約有 6,500 萬美元，市場佔有率穩定成長。但是 1990 年起，由於光碟版的百科全書異軍突起，造成《大英百科全書》市場佔有率節節下滑。

經營《大英百科全書》的公司，錯估形勢，認為這只是小孩的玩具，僅比電動玩具好玩一點，應該不具殺傷力，所以完全沒有任何回應措施。當時《大英百科全書》公司的定價，是 1,500至 2,000 美元，光碟版的百科全書，而微軟（Microsoft）的英可達（Encarta）的多媒體百科，標價僅 50 至 70 美元。最後經營《大英百科全書》的公司被銀行拍賣，而走入歷史。

第三節 國際企業如何預防危機

《商業周刊》曾經訪問華人首富李嘉誠，從二十二歲開始創業做生意，超過五十年，為什麼幾乎從來沒有一年虧損，究竟是如何在大膽擴張中，卻又不翻船？首富李嘉誠說：「想想你在風和日麗的時候，假設你駕駛著以風推動的遠洋船，在離開港口時，你要先想到萬一遇到強烈颱風，你怎麼應付。雖然天氣滿好，但是你還是要估計，若有颱風來襲，在風暴還沒有離開之前，你怎麼辦？我會不停研究每個項目，要面對可能發生的壞情況下出

現的問題，所以往往花 90% 考慮失敗。就是因為這樣，這麼多年來，自從 1950 年到今天，長江（實業）並沒有遇到任何貸款緊張。」

實際上，國際企業最忌諱輕敵與誤判，1912 年號稱當年全球最大的船──鐵達尼號郵輪，為什麼首航就沉到加拿大附近的海域？關鍵就在於輕敵（疏忽冰山的嚴重性）與誤判。成功企業最常犯的毛病，就是輕忽對手實力，過度沉迷於昔日的成功，而忽略了敵人已經逼近或誤判局勢，柯達、富士軟片公司被邊緣化，就是證明。此外，Nokia 對於蘋果的崛起；蘋果對於三星的快速崛起，都是教訓。輕敵與誤判的現象，在國際企業的成長期，最易孳生！

全球產業競爭大環境急遽變遷，對市場反應太慢，不利於企業生存！國際企業要如何有系統、有步驟的預防危機？最關鍵的有三部分，第一是成立危機管理的專案組織，第二是找出並辨識危機的警訊，第三是國際企業危機教育。

一、成立危機管理的「專案小組」

國際企業應該成立危機管理的「專案小組」，將危機交給專業人員處理，其餘人員則仍堅守崗位，避免危機不必要的擴散。

（一）「專案小組」的目的

「專案小組」的目的是，有效預防、快速反應。其主要手段是有系統的情資蒐集，和管理危機資訊，使企業危機防患於未然。最佳之道是危機未出現前，主動採取對策。

（二）「專案小組」的任務

「專案小組」任務涵蓋，危機處理的目標 (Object)、危機偵測 (Detection)、危機的辨別 (Identification)、危機的估計 (Estimation)、危機的評價 (Evaluation)、危機的預防 (Prevention)、危機的解決 (Resolution)，及危機解決後的重建與再學習等工作。為了要有效率完成上述工作，就必須有明確的指揮體系，強有力的中央指揮，使事權統一，資訊情報完整。

史蒂芬‧菲克 (Steven Fink) 主張以危機管理「專案小組」為核心，然後再根據不同的危機需要，徵召不同的小組成員。技術危機要由技術人員處理；財務危機要由財務人員處理，因為財務危機與毒氣外洩的化學危機特質不同。一個永久性的危機處理中心，要有總經理或高級主管、財務經理、對內及對外發言人及法律室主任組成。數位化時代，應增補網路溝通專家。

（三）遴選處理危機的「專案小組」成員

專案小組涉及國際企業內部，極多的機密資料，因此在遴選時，專業能力與對企業忠誠度必須同做考量。此外，甄選危機管理小組成員時，也應透過壓力式面談 (Stress Interview)，選擇最能抗拒危機壓力的成員。

（四）「專案小組」的組織建構

企業危機處理小組是一支量少質精的團隊，主要的任務是有效預防、快速反應。由於企業危機所涉及的領域，及其所擴散到的領域，是需要多學科的科際合作與整合，才能有效解決，因此企業危機管理小組，應有跨學門的專家。以長榮集團為例，長榮危機管理屬於一級單位，組織規模三十人，組織架構分為保險管

理部，主要負責海陸空保險業務事宜；風險控制部負責損害防
阻、危機處理、理賠服務等業務。

　　實際上，各國際企業由於經費的多寡、行業種類、企業風格、
董事會組成的方式不同，因此危機管理「專案小組」的編組，也
出現不同的形式。有的公司是將它放在公關部門，有的是由法務
部、總經理辦公室或總務部門來負責。也有的是由總務、人事、
法務、營銷、開發、生產等部門各抽調一人，來組成危機管理的
「專案小組」。當然也有的公司是在危機發生後，將若干部門精
英或主管，予以適當調配編組，律定指揮處理危機的關係。但無
論是哪一種編組方式，發言人一定要參與，才能了解危機處理的
方式，並充分掌握對外發言的要點。

二、找出危機因子

　　越早發現危機因子，就不必等到危機爆發，才來解決問題。
很多時候，國際企業不必走向滅亡，但是最後卻落入萬劫不復，
原因就在於高階主管沒有學會找出及辨識企業危機的警訊，以及
市場供需結構的總體變化。以下有九種方法可以協助國際企業找
出危機的因子。

（一）從「國際市場訊號」找因子

　　波特 (Michael E. Porter) 所謂「國際市場訊號」就是：能直
接或間接顯示競爭者意圖、動機、目標或內在狀況的任何行動。
危機除判斷是否為國際企業危機因子外，更要研判危機因子可能
的發展方向，以及對企業傷害程度。

（二）危機列舉法(Crisis Enumeration Approach)

危機列舉法類似普查，乃是就國際企業各部門主管所面對的、或是將他們就經驗所預知的各類可能的威脅，詳細的逐條列出。這種方法極適合各階層企業主管，因身為主管者，應該較他人更能針對整體作業，進行總體考量。有鑑於主管的職責，亦當預先考慮將來各種可能面對的危機。

（三）草根調查法(Root Investigation Method)

危機管理的成敗，除企業決策核心應付起的責任外，全體員工也是責無旁貸。否則企業垮了，上至董事長，下至生產線的操作員，都要面對失業的壓力。因此，危機預防，全體有責！

草根調查法與前一種方法正好相反，它是針對組織基層所做的企業危機調查，以探索國際企業各部門員工，對於公司當前所面臨的危機意識。可以預料的、大部分員工的意見，較易以本位主義出發，從自己工作崗位，就當前所看到的各種局部危險，提出建言。

(1) 實踐方式

草根調查法沒有固定標準方式或者表格，因此負責調查的企業主管，必須自行製作一套調查的方式，以全面有系統的方法，來了解員工的意見。若是使用面談或問卷表格，就必須讓員工保有相當開放的想像空間，但又不能讓員工太過天馬行空，最後卻調查不出一致的意見。同時草根調查法忌諱只作調查，卻對員工沒有一些回饋與交代。對於具有熱誠與期盼的熱心員工，將是一種打擊。那麼以後若再次實施類似的草根調查，將會因員工的不合作，而沒有什麼實質的收穫。

(2) 優點

能抓住許多作業層面上的細部危險，實際上主管卻不一定知道，但由於員工經常身歷其境，較為了解。主管蒐集到這些資料之後，若能善加利用，必然可以解決許多潛在的危機。

（四）報表分析(Financial Statement Analysis)

國際企業是整體的，所以國際企業危機的根源，可能來自任何一個部門。這通常可以透過報表的方式來掌握，常用的方式，包括財務報表（資產負債表、損益表、現金流程表等）、訂貨出貨與退貨單據、業績與獎金等，這些不僅可以挖掘出公司過去營運問題，更可以分析出當前的財務危機。報表分析即是針對這些表據，運用各種會計與統計的分析技術，藉以了解公司當前的獲利能力、流動性與清償能力等，並據此推算出公司未來的經營趨勢，與其伴隨而來的危機。除了財務報表的分析之外，還有經由組織內部或外部，所發表的技術報告與法律文件，這些或多或少都隱含著重要的危機訊息可供參考。

（五）作業流程分析(Operational Process Analysis)

作業流程的分析，在工業工程上的使用十分普遍。類似工時分析 (Motion and Time Study)、企業作業流程分析 (PERT or CPM)、流量分析 (Flow Analysis) 等，對於改善工廠作業與企業營運的效率，以降低意外的發生，皆有極佳的成效。在運用上，不論是工廠的生產流程、零售業的進出貨控制、甚至到美國太空總署登月計畫的實施，都曾用到這些技術，以管制計畫執行的步驟防範意外或延誤。

（六）實地勘驗(Physical Inspection)

實地勘驗屬於事前預防，先期掌握國際企業危機的各種徵兆。例如：許多的危險，尤其是產品設計的安全性，可能是由於自然災害的侵蝕，而造成潛在的危機。例如：廠房、機械、建築、招牌、電纜線、瓦斯石油等管線，都會由於經年累月、日曬雨淋而毀損不堪使用。只有經由工程師現場實際的勘查，才能明白其危害的程度。國際企業危機管理也是一樣的道理，主管必須到第一線，才能爭取時間、了解狀況，並直接進行處理。

（七）國際企業危機問卷調查(Questionnaire Survey)

美國管理學會 (American Management Association) 出版一套稱作資產的損失預估表 (Asset-Exposure Analysis)。這個表格包含兩個部分，第一部分為國際企業資產的調查清單，用以歸納企業有多少資產。第二部分為國際企業資產的損失預估，用來估計國際企業各類資產的損失風險。國際企業主管可以利用這個表格，快速而完整的評估有關資產方面的危機。當然國際企業也可以設計危機管理的調查問卷 (Crisis-Finding Questionnaire for Risk Management)，進行系統性的調查，來發掘有關企業方面的危機，這些資料可以提供決策者作為規避危機與轉嫁之用。

（八）損失分析(Casualty-Loss Analysis)

損失分析法是一種屬於事後檢討，並從失敗的覆轍中學習，以尋求將來的改進。損失分析的真正目的，不是在統計企業損失，而是在清查事故發生的根本原因。這是屬於從過去錯誤經驗，或失敗的案例當中，學習如何防範未來類似事件的重演，或試著取得類似事件再次發生時的因應之道。

（九）分析大環境(Environmental Analysis)

　　危機的考量，不僅侷限於危機的本身，而是必須觀察整個大環境的交互影響關係。在蘇軾的〈晁錯論〉中，指出：「天下之患，最不可為者，名為治平無事，而其實有不測之憂。坐觀其變而不為之所，則恐至於不可救。」蘇軾的〈晁錯論〉，最關鍵的就是要知道「變」，而且不能「坐觀其變」。

　　(1) 究竟要分析哪些環境？

　　①企業組織內的環境 (Physical Environment)，譬如堅持道德倫理的決心，是否變低了？；②社會環境 (Social Environment)；③政治環境 (Political Environment)；④立法與執法的環境 (Legal Environment)；⑤經濟環境 (Economic Environment)；⑥決策者認知的環境 (Cognitive Environment)。

　　(2) 分析經濟環境變化的焦點

　　經濟因素會影響到市場大小、市場的獲利能力，及可運用的資源，所以先期對經濟環境的掃描極為重要。

　　(3) 經濟指標

　　經濟環境著重在幾個主要指標：國民生產毛額、經濟成長率、國民所得、景氣對策訊號、景氣動向指標、國際收支、工業生產指數、消費者信心指數等。

三、危機「教育訓練」

　　國際企業危機教育可以幫助員工辨識危機、解決危機，避免危機。「九一一」恐怖攻擊事件前兩天，白宮已接獲即將以飛機攻擊的情報。但是第一線人員認為是無稽之談，就把電話掛掉，因而喪失了預防危機的第一寶貴時間。

危機管理計畫實施的成敗，有賴於國際企業組織內部全體員工的合作。若共識的程度愈強，部門合作的意願就愈強。一般來說，當國際企業危機爆發時，臨危必亂是常態，臨危不亂才是企業真正的需求。如何能夠達到臨危不亂的目標呢？國際企業的危機「教育訓練」是重要的途徑。國際企業危機教育可達成企業四項目標，一是提高快速反制危機的能力，二是強化危機意識，三是建構危機處理的共識，四是培育國際企業無形戰力。

　　國際企業在進行教育訓練時，尤其要重視心理層面的精神戰力，以充分發揮人的主觀能動性，以突破恐懼的極限。股王宏達電就是以基督信仰，鼓舞公司同仁要依靠上帝，有上帝的愛與支持作後盾，何懼之有？所以國際企業的危機教育，不是單純「技術」層面的強化，而要更進一步對危機處理的心理建設。這樣的心理建設，主要是培養員工，有承受危機的壓力、耐力、持久力，更重要的是提升國際企業處理危機，必勝必成的信念。如此才有助於去除面對危機的膽怯，這股意志力就是支持員工及決策階層對抗危機威脅的無形戰力。所謂「思想產生信仰，信仰產生力量」，就是這個道理。然而在實際處理的戰術上，要將公司危機管理的目標，以及企業可能出現的狀況與處理之道，反覆教育員工，在態度上則要戰戰兢兢、如履深淵，沒有絲毫的粗心與大意。在信心的支持下，有如履薄冰的謹慎，將有助於處變不驚企業文化的建構。

第四節　完成危機處理的應變計畫與訓練

　　國際企業可以根據結構的相似性，組合公司各類可能發生的危機，找出最致命的企業危機，然後針對這些危機，提出具體可行方案。《孫子兵法》有云：「兵聞拙速，未聞巧之久也。」所以若能事先完成應變計畫，就可以在最短時間內，有效快速的處理危機。

　　然而國際企業的危機管理應變計畫，也不能光說不練，它需要從不斷演練中得到經驗。從人類心理學的角度來說，當企業危機爆發後，決策中樞將處在重大壓力之下，難免會產生無法忍受的焦慮及憂鬱，嚴重的甚至可能情緒失控。因此驗證、沙盤推演、演訓或模擬次數愈多，經驗愈豐富，技巧愈純熟，考慮面向愈周延。以下針對危機處理的應變計畫與訓練，提出相關的說明。

一、應變計畫

　　危機事件的處理，本身就有一定程度的困難，所以事前需要完整的危機管理計畫。所謂「多一分準備，少一分損失」，其目的主要在於指引企業，針對各種可能發生的潛在危機，擬定具體可行的步驟、準則與處理方向，爭取在第一時間內，有效的以最低成本解決。

二、應變計畫內涵

　　在草擬應變方案、溝通程序及責任劃分時，應避免模稜兩可、語意含糊。在國際上以研究危機管理聞名的專家，他們對危

機管理的應變計畫，提出一些具體的關鍵，可供國際企業參考。

（一）Ian I. Mitroff 及 Christine M. Pearson

兩位學者共同提出一項危機管理計畫（含程序），其著重在以下四點：

(1) 導致危機產生的連鎖鏈結。

(2) 建構早期預警系統及避免或抑制危機發生的機制。

(3) 找出可能產生危害企業的各種危機因素。

(4) 可能影響危機或被危機影響的各造。

（二）Michael Bland

提出危機計畫，應注意的九大要項：

(1) 找出本國際企業可能會出現哪些危機。

(2) 這些危機會牽涉到哪些重要關係人。

(3) 完成「企業危機手冊」。

(4) 與這些國際企業重要關係人進行聯繫。

(5) 適時給予外界合適的訊息。

(6) 建構危機溝通小組。

(7) 提出危機期間，可能需要的資源與設施。

(8) 提出可能爆發危機所需的專業相關訓練，並循序漸進地完成。

(9) 與企業重要關係人，建立溝通管道。

（三）Nudell, Mayer 及 Norman Antokol

提出危機管理應注意的八項重點。

(1) 考慮危機管理的各種細節 (Think about the Unpopular)。

(2) 確認危險與機會 (Recognition of Dangers and Opportu-

nity)。

(3) 危機回應的控制與界定 (Defining and Control of Crisis Responses)。

(4) 管理企業經營環境。

(5) 控制危害。

(6) 成功解決。

(7) 回復常態。

(8) 避免重蹈覆轍。

三、驗證應變計畫

　　國際企業可聘請心理學家及各種專業人員，根據國際企業所訂的計畫，為專案小組設計出不同狀況的模擬訓練，以提高決策的正確性與成功機率。驗證企業危機處理計畫的方式有很多，例如：可以拿最近產業內，自己或其他國際企業，曾經發生的危機作為借鑑，或針對國際企業領域內可能出現的問題，或以往曾出現過的危機事件，藉以驗證企業原有計畫的可行性，並從中汲取教訓，這些都是可以降低企業危機的方式。

四、驗證的功能

　　國際企業若能針對各種危機處理的方案，加以驗證，則可產生八種功能：

(1) 可增強危機處理的信心與處理經驗。

(2) 提高企業快速應變力。

(3) 對全盤狀況的掌握與了解。

(4) 培養在混亂情況下，團隊互信、合作的默契，取一致的

目標，從一致的行動。

(5) 避免因過度分工，而對實際情形認知的割裂。

(6) 減少「初期對策判斷失誤」，增強危機處理瞬間的判斷力。

(7) 可以減低緊張焦躁的情緒，增加危機「專案小組」耐力、抵抗力。

(8) 找出危機處理計劃，脆弱的環節，並加以修正。

第五節　危機領導

當國際企業面臨生死存亡的時候，最需要的，往往是強而有力的領導中心，這時候，極權領導反而可以發揮最大效果。公司高層領導人所做的決策，與設定的目標，通常與員工的個人利益相衝突，例如中階經理人被撤換、基層員工被解雇……，這些都是救亡圖存中，常見的手段。譬如，日本科技大廠索尼 (Sony)在 2014 年 2 月 6 日宣佈，在全球要裁員 5 千人，爲的就是希望每年能省下 1000 億日元（約 9.88 億美元）。

危機領導人要有大山崩於前，色不變的英雄氣概，更要懂得危機領導。切莫像 2013 年底菲律賓遭逢超級強颱「海燕」，造成空前的風災後，菲國總統艾奎諾三世面臨災區失序混亂，救災工作步履維艱之際，竟然在簡報會上，面對民眾抱怨災區劫掠亂象時，反嗆「你並沒有死，對吧？」

一、領導道德

（一）謙卑

美國管理學者比爾 · 喬治 (Bill George) 指出，領導者在危機當中，必修的第一堂課，就是「謙卑地面對現實」。因為領導人要接受、看清事實，然後審視自身所扮演的角色，接下來才能統合團隊，面對問題，解決問題。

（二）勇氣

激勵員工打破傳統、突破現狀、不避諱挑戰、為理念奮鬥。

（三）利他

再危險的環境，都可以透過善意，用幫助別人的心態，化險為夷。日本京陶公司創辦人稻盛和夫提出「利他」的領導觀點，認為再危險的環境，都可以透過善的表現，用幫助別人的心態，來化險為夷。他認為利他其實最後利的是自己。如果危機中，每位領導者都能以利他為出發點，這個組織必定有效率又充滿溫馨，如果社會中，每一位成員都曉得利他，那麼一定是個溫暖的社會。

（四）大愛

運用危機，創造變革組織的機會，把一切理想付諸實行。領導者最關鍵的是，運用危機、創造變革，改變組織的機會，像蜥蜴懂得斷尾求生。環境愈艱困，追隨者就愈有更多的心理需求，要被滿足。

二、 危機領導法則

比爾・喬治在其新著《在危機中領導者應學習的七門課》《7 LESSONS For LEADING IN CRISIS》中表示領導者在危機中，也不能光顧著彎腰，還須具備挺身而出的勇氣。在要求其他人犧牲之前，自己先作出表率，不能老是把別人往火裡推，要別人替你擋子彈。葛瑞格・希克斯 (Greg Hicks) 所著的《危機領導》一書，指出強化應變執行力的八大領導法則：（一）目的要說清楚講明白──態度與行為決定成敗；（二）一切操之在己──不責難、不推諉、不逃避；（三）拒絕屈從──展現忠誠，也要做自己；（四）將壓力重塑為助力──冷靜不濟事，要善導你的情緒；（五）以多元方案取代制式計畫──別讓僵化的方法，限制成功的可能性；（六）將部屬放在第一位──安頓好員工，員工則能全力以赴，無後顧之憂；（七）以身作則──先付出，以行動領導；（八）開誠布公──吐真言與納忠言，一樣重要。

三、危機決策

危機決策有四點需要注意：

（一）慎謀能斷

應抓住第一階段所收集的資訊，以專業的精神，全局的考量，當機立斷，解決國際企業的危機。譬如，2009 年 1 月，全美航空 (US Airways) 一架空巴 A320，因鳥群撞擊引擎而發生事故，當飛機僅有的兩具引擎全都失效時，機艙內的旅客，有的在寫遺書，有的則是歇斯底里地嚎啕大哭，場景宛如人間煉獄。後來飛機安全迫降在紐約哈德遜河上，在危急中表現沉穩出色的機長薩

倫伯格，受到媒體的英雄式稱讚，布希跟歐巴馬皆專門致電道賀。

（二）臨危不亂

　　企業爆發危機後，危機所造成的混亂，往往使決策者憂鬱、緊張、焦慮、失眠，而導致決策者層層的心理障礙，如此則更不易在第一時間有效處理危機。

（三）速度要快

　　危機處理速度過慢，就會產生危機擴散。危機擴散所付出的成本代價及困難度，都會增加，所以一定要當機立斷。譬如，2008 年 5 月 26 日，美國影星莎朗‧史東在電影節接受訪問時，對汶川大地震發表不當言論，立刻引起各方聲討。莎朗‧史東所代言的法國迪奧 (Dior) 品牌，在第一時間立刻發表聲明：宣稱絕對不認同莎朗‧史東的言論。隨後又發佈聲明：「立即撤銷並停止任何與莎朗‧史東，有關的形象廣告、市場宣傳以及商業活動。我們對此次四川汶川大地震中，不幸遇難的人表示哀悼，並對災區的人民，表示深切的同情和慰問 …… 並對災區重建，予以鼎力支持。」

　　另一個反應太慢的案例是，富士康的跳樓危機事件。根據鴻海集團總裁郭台銘在民國 98 年 6 月 7 日的股東會上承認，剛出現第一跳、第二跳時，就應該注意到，並及時處理！可是一直等到第六跳，媒體已開始大幅報導，公司形象也開始受到傷害。此時公司還不知道員工為什麼要跳樓，竟然以為風水不好，找來五台山高僧到工廠，做法會驅魔、消災。結果員工跳樓，越跳越多，越跳越嚴重！

　　當傳出第十一個人跳樓時，海內外輿論四起，鴻海集團的總

裁郭台銘當天一大早，就搭乘專機趕到深圳，罕見的大開富士康之門，親自帶領媒體參觀廠區。鴻海集團總裁郭台銘親上火線，展開危機處理，而且親自邀請台灣媒體與國際媒體，搭乘他的私人專機，飛到龍華廠區。讓記者眼見為實，還不斷拜託媒體，不要渲染自殺情緒、多報導光明面，更不要說為了防止員工再度跳樓，設置各種心靈輔導、紓壓課程、加裝防跳樓設施、調漲薪資……等作為。在記者會當中，他還鞠躬道歉，為自己實在沒能防止跳樓事件的發生表達歉意，甚至說高階主管壓力都非常大，連自己也都失眠，要接受心理諮商了。大陸官方後來也發出限制大陸媒體報導的指令，以冷卻這股跳樓情緒。

（四）目標明確

目標是決策的方向，沒有目標，決策就會失去方向，並缺乏效益衡量的標準。企業要把握決策的具體方法：(1) 確認真正目標；(2) 分析妨礙目標達成的因素；(3) 用排除法，放棄枝節因素；(4) 即時糾正錯誤的判斷。

四、負責到底的領導道德

商場如戰場，國際企業的營運亦如打仗一樣。有個案例是，1965 年，美國陸軍上校穆哈爾，在一次任務中率領 400 個大兵，空降至越南德浪河谷的敵軍陣營，當他發現被超過 2,000 名越共團團包圍時，他沒有一絲的驚慌，反而是鎮定的帶領弟兄們面對這場充滿劣勢的戰爭。在生命中最漫長的一個月，穆哈爾指揮若定，他堅持到最後一刻、最後一人、最後一顆子彈，告訴弟兄，他將是第一個踏上敵陣，也是最後一個離開的人，而且「每個人

都要活著回來」！

　　在風雨飄搖的危機時刻決策，國際企業的員工，希望看到的是方向、是勇氣、是活下去的希望。而領導者如何做好情緒控管，有勇、以謀的帶領整個企業突圍，不讓恐懼和擔憂，成為企業的最終支柱，這是危機領導的核心精神所在。

第六節　危機處理

　　其實國際企業危機一旦爆發，並非表示毫無轉圜的餘地，只是危機壓力太大，看不清危機的「機」在哪裡？赫伯特·賽蒙 (Herbert Simon) 綜合生理學及心理學，提出「有限理性 (Bounded rationality)」的觀點。他強調在現實狀況中，人們所獲得的資訊、知識與能力有限，所能夠考慮的方案，也是有限的，因為人不是上帝，無法全知全能。所以在決策上，總有不確定的風險！但有些規則是可以幫助決策者，迅速掌握狀況，即時針對問題、處理問題。

一、專案小組全權處理

　　危機決策最怕，根本就沒有設立危機處理的小組，或會議太慢召開，或部門互推責任，導致危機在各單位間打轉，而使危機不斷升高，並向其他領域擴散，最後使危害持續擴大。企業成立專案小組時，應注意下列三件事：

（一）指揮體系

　　企業建構危機處理的指揮體系必須明確，才能上令下達，群

策群力，朝一致方向來共同奮鬥，解決危機。反之，企業如果指揮體系不明，權責不清，則可能形成組織內衝突，彼此相互抵消力量。

（二）設定目標

企業在設定危機處理目標時，一定要有實質的雙向溝通，以避免太容易達成的目標，太難達成的目標，及不合經濟原則等目標的狀況出現。但無論設定哪一種目標，都應該將目標與期望，讓組織成員了解，以利執行。

（三）預備隊

企業危機管理小組，應該要有預備隊，否則在二十四小時全天候備戰的情況下，一旦危機延滯，其中有人因長期壓力，而無法執行任務時，將對危機處理產生嚴重困擾。

二、蒐集危機資訊

台塑六輕的連續大火，對於大火原因，台塑高層卻說：「撒無（台語－就是找不到原因的意思）」蒐集、分析及研判危機資訊，對於後續危機如何處理，極為重要。

關於危機相關資訊的蒐集，特別是關鍵性的客觀數據，除重視來源的可信度，也必須正確的詮釋、評估、運用，這是擬定危機對策及對外溝通所不可或缺的步驟。經驗和直覺對於危機處理者，雖有其一定程度的作用，但是以往的經驗，是否適用於此次的危機，這是值得商榷的。如果沒有客觀的統計數據，即使是危機處理專家們，對於危機爆發前的徵兆，也可能會有所爭議。所以客觀的統計數據，對於危機嚴重程度及爾後的危機處理，有絕

對正面的助益。針對所搜尋的各類議題，尤其是潛在的危機因素，要不斷的分析和評估，各種爆發的可能性及威脅性。

（一）注意基本資料來源的精確度

若國際企業危機最前線的負責人無法研判，就要迅速將狀況反應至專案小組，再由專案小組就全局狀況統合分析，如此則更能掌握資料的可信度與有效性。企業如果根據錯誤資料所做的決策，其正確性機率幾乎微乎其微。因此在輸入前，必須確認其正確性。

（二）資料的篩選機制

國際企業若缺乏有效的資料過濾機制，當資料流量過於龐雜，又沒有周全的決策支援系統，就可能出現「分析癱瘓」(Analysis paralysis) 的現象。分析癱瘓 (analysis paralysis) 主要的症狀是，對於危機應該做出的決定，卻無法及時下達決定。這主要是因為考慮變數過多，臨危而亂。實際上，當「專案小組」對內外環境研判後，可能篩選出的危機資訊，有時常多達七、八十項，此時就有必要借助危機決策系統，來協助小組的工作。

三、診斷危機

就危機處理史而論，危機爆發之際，正是最需要危機解決的答案，可是卻又沒有立即可靠的答案，給予決策者。這就是為什麼決策者在危機情境中，易於依賴以往相關的經驗與直覺，來進行危機的推理判斷。無論過去的經驗是什麼，這些都會凝聚成危機的認知，主導整個危機的管理方式。但過去的經驗，還適合用在此次的危機嗎？這就需要診斷危機！

診斷危機資料的來源，可能是從不同領域的片段，所以應該要在統合後，迅速進行診斷。譬如，<u>德國</u>零售巨頭<u>麥德龍</u>集團在2013 年 3 月 11 日，正式關閉萬得城在<u>上海</u>門市。關閉萬得城，是危機診斷後，所下壯士斷腕的決定。因為大陸零售行業競爭異常激烈，且零售業主戰場已轉向網路，及二、三線的城市；另一方面，萬得城主要的經營模式為買斷經營，該模式不但增加了經營成本，也使得其規模化擴張步伐緩慢，不利市場競爭。

（一）危機診斷重點

危機診斷重點應置於：(1) 辨識危機根源；(2) 危機威脅的程度；(3) 危機擴散的範圍；(4) 危機變遷的方向。

（二）危機幻覺(Crisis hallucination)

「危機幻覺」的產生，常是由於人的主觀因素（經驗、情緒、年齡和性別等），以及外在刺激的干擾，使得資訊受到曲解。這種幻覺會造成輕估、低估、高估等誤判的現象，這種幻覺可能使危機升高，也可能浪費處理危機的重要資源，甚至延誤危機的處理。

（三）連鎖擴散

企業危機連鎖擴散，一個危機會引爆另一個危機。因此診斷時，不能只注意第一個危機，還必須掌握另一個危機擴散的方向。企業危機向外擴散，形成同質性擴散與異質性的擴散兩種。

(1) 同質性擴散

若危機仍在企業領域之內，則屬於同質性擴散。例如：盛香珍的產品（蒟蒻果凍），造成美國消費者傷害，而被美國高等法院判處高額的賠償金額時，若此危機引爆該公司的財務危機，這

是屬於同質性擴散。

　　(2) 異質性擴散

　　若是危機向非國際企業領域擴散，則屬於異質性擴散。以 SARS（非典型肺炎）危機為例，北平有謠言，即將封城，甚至泛政治化之後，這就脫離國際企業的範疇，屬於異質性擴散階段。

四、確認決策方案

　　2012 年 LV 在大陸的極速擴張，導致 LV 在中國淪為人手一包的「街包」，品牌形象大受打擊，成為入門級的「大眾奢侈品」。為搶救 LV 的高端形象，LV 母集團 LVMH 主席 Bernard Arnualt 全面聚焦高端產品，保持高端形象，並表示不會繼續在大陸 2、3 線城市開店擴張，以避免太司空見慣。

　　從這個案例中，可知企業危機處理的總指揮官，應掌握危機所在，發揮團隊最高統合戰力，抓住危機中的任何機會，從可行方案中，選擇最適合達成目標的方案。

　　若能根據危機預防期，所擬定各種解決危機的行動方案，從中擇一，宣佈下達實施，此乃最理想的狀態。儘管方案雖然未必是毫無缺點，但它可能是實現決策目標方案中，成功機率最高的。在方案提出與確認的階段，最重要的就是要有清楚具體的目標，因為目標是決策的方向，沒有目標，決策就會失去方向，缺乏效益衡量的標準。清晰明確的處理目標，才能使處理人員有所依據。但無論是哪一種，都應該將目標與期望讓組織成員了解，以利執行。

五、執行處理策略

研究美國當年古巴飛彈危機的學者艾立森，指出，「在達成美國政府目標的過程中，方案確定的功能，只占百分之十，而其餘百分之九十則賴，有效的執行。」領導人須緊盯每個策略的執行過程，並不停的觀察、權衡輕重。國際企業策略執行若有誤，會更加深處理危機，與危機擴散之間的時間落差。當危機處理的速度，慢於危機擴散的速度，有可能危機尚未解決，又併發另一個新的危機。再加上資訊不足及時間壓力，更易使危機複雜難解。國際企業為化解此危機，唯有針對危機根源，採行正確的指導方針與處理策略，才能提高絕處逢生的機率。若能採危機預防措施，在危機尚未擴散到達的領域，先設立防火牆，如此更能增加危機處理的效益。

六、處理危機重點

面對不同類型的危機，就有不同的執行重點。在千頭萬緒中，雖說要面面俱到，但總有關鍵之點，絕對不能疏漏。這就是處理重點的所在。例如網路謠言危機與產品安全危機，所處理的著重點不同；公司行銷危機與財務危機又有區別。

三星電子株式會社 (Samsung Electronics) 被稱為南韓經濟的推手，是全球最大的液晶電視、DRAM、智慧手機業者，這樣的全球科技業大咖，擁有來自 61 個國家 179 個代表處的 164,600 名員工，公認為是成長最快的國際企業之一。然而在亞洲金融風暴之前，三星的事業非常龐雜，從電視、冰箱、音響、微波爐、吸塵器、DRAM、SRAM、映像管、顯示器、個人電腦到無線呼叫器等，就像一家科技雜貨店，缺乏營運重心和綜效，1997 年

亞洲金融風暴，<u>三星</u>背負了十七兆韓圓債務，瀕臨倒閉。當時<u>三星</u>執行處理策略，主要是兩方面：

（一）抓住重心

　　將事業整合爲四大領域，並以「數位科技」貫穿其中。這四大領域是「半導體」（記憶體晶片、液晶面板……）、「通訊」（手機）、「數位媒體」（筆記型電腦、PDA、光碟機……）和「生活家電」（微波爐、冰箱、電漿電視……）。

（二）組織重整

　　過去由於<u>三星電子</u>旗下事業群體系龐大，重整之後，將半導體與 LCD 面板製造，合併爲零組件部門，由三星電子執行長<u>李潤雨</u>帶領；手機以及電視等終端產品，則合併爲消費性產品部門，由於手機業務總裁<u>崔志成</u>負責。最新的改組行動引進「公司制」，各業務單位按照類似於獨立公司的模式管理，各自設有總裁和首席財務長。經過結構重組，使得三星在「金融危機下重生」，更於 2002 年股價首度超越<u>新力</u>，<u>三星</u>已成爲全球最大的記憶體晶片、顯示器和彩色電視機製造商。

　　三星在 2013 年又出現獲利大幅下滑的警訊，震撼市場。<u>三星</u>了解危機的嚴重性，所以<u>三星</u>董事長<u>李健熙</u>在 2014 年新年致辭中，強調<u>三星</u>需要再次改變，必須加大創新力度，包括在企業架構方面，改變思維方式，而不應僅僅專注於硬體，應當整合來自不同行業的技術，打造新業務。

七、尋求外來支援

　　危機超越國際企業自己能力時，國際企業應該要找外來支援

的對象。但如果找錯了，結果更嚴重！彩色濾光片大廠展茂光電爆發財務危機之後，曾尋求外來支援。但因找錯對象，資金不但沒有到位，還以臨時動議的方式，解除原董事長余宗澤的職務。這位外來者進而對已爆發財務危機的公司，調高自己月薪為 200 萬元，挪用公款購買富豪轎車使用，最後公司真的弄到破產倒閉！太平洋百貨公司，不也是危機爆發時，找錯了外來支援，而被併吞。

八、指揮與溝通系統

　　企業危機決策之後，為保證每位執行者，都了解危機處理中所扮演的任務與內容，就有賴指揮與通訊系統的建構。由於缺乏危機溝通而造成的錯誤，往往極為嚴重。

九、提升無形戰力

　　士氣高昂的處理團隊，相較於士氣低落的團隊，更能以最少的代價，完成所交付的使命。基本上，危機管理的分析，都是客觀的數據，很少將危機時刻的士氣，納入通盤的考量，其實主觀不屈不撓的意志與奮鬥力，常是凝聚員工向心，形成「雖千萬人吾往也」的無形戰力。這種戰力對於解除情緒的困擾，調動人的積極性，都有極正面的作用。

十、危機後的檢討與恢復

　　企業在遭遇危機重擊之後，除了必須檢討危機發生的根源，以免再度發生同樣錯誤之外，更應迅速恢復既定的功能或轉型。

問題與思考

一、葛瑞格‧希克斯 (Greg Hicks) 指出危機時，應有哪些領導法則？

二、請說明危機診斷重點，應置於哪些位置？

三、國際企業在爆發危機時，爲何會出現「分析癱瘓」(Analysis paralysis) 的現象？

四、Michael Bland 所提出的危機處理計畫，應注意哪些要點？

問題與思考 (參考解答)

一、葛瑞格‧希克斯 (Greg Hicks) 指出危機時，應有哪些領導法則？

答 葛瑞格‧希克斯 (Greg Hicks) 所著的《危機領導》一書，指出危機領導的八大領導法則：（一）目的要說清楚講明白——態度與行爲決定成敗；（二）一切操之在己——不責難、不推諉、不逃避；（三）拒絕屈從——展現忠誠，也要做自己；（四）將壓力重塑爲助力——冷靜不濟事，要善導你的情緒；（五）以多元方案取代制式計畫——別讓僵化的方法，限制成功的可能性；（六）將部屬放在第一位——安頓好員工，員工則能全力以赴，無後顧之憂；（七）以身作則——先付出，以行動領導；（八）開誠布公——吐眞言與納忠言，一樣重要。

二、請說明危機診斷重點，應置於哪些位置？

答 危機診斷重點應置於：(1) 辨識危機根源；(2) 危機威脅的程度；(3) 危機擴散的範圍；(4) 危機變遷的方向。

三、國際企業在爆發危機時，為何會出現「分析癱瘓」(Analysis paralysis) 的現象？

答 分析癱瘓 (analysis paralysis) 主要的症狀是，對於危機應該做出的決定，卻無法及時下達決定。這主要是因為考慮變數過多，臨危而亂。實際上，當「專案小組」對內外環境研判後，可能篩選出的危機資訊，有時常多達七、八十項，此時就有必要借助危機決策系統，來協助小組的工作。

四、Michael Bland 所提出的危機處理計畫，應注意哪些要點？

答 (1) 找出本國際企業可能會出現哪些危機。

(2) 這些危機會牽涉到哪些重要關係人。

(3) 完成「企業危機手冊」。

(4) 與這些國際企業重要關係人進行聯繫。

(5) 適時給予外界合適的訊息。

(6) 建構危機溝通小組。

(7) 提出危機期間，可能需要的資源與設施。

(8) 提出可能爆發危機所需的專業相關訓練，並循序漸進地完成。

(9) 與企業重要關係人，建立溝通管道。

Date _____/_____/_____

國家圖書館出版品預行編目資料

國際企業管理：即刻上手／朱延智著.--初
版.--臺北市：五南, 2014.07
　面；　公分.

ISBN 978-957-11-7684-0（平裝）
1. 國際企業 2. 企業管理
494　　　　　　　　　　103011989

1FT6

國際企業管理：即刻上手

作　　者 ― 朱延智

發 行 人 ― 楊榮川

總 編 輯 ― 王翠華

主　　編 ― 張毓芬

責任編輯 ― 侯家嵐

文字編輯 ― 陳欣欣

封面設計 ― 侯家嵐

出 版 者 ― 五南圖書出版股份有限公司

地　　址：106台北市大安區和平東路二段339號4樓

電　　話：(02)2705-5066　傳　　真：(02)2706-6100

網　　址：http://www.wunan.com.tw

電子郵件：wunan@wunan.com.tw

劃撥帳號：01068953

戶　　名：五南圖書出版股份有限公司

台中市駐區辦公室/台中市中區中山路6號

電　　話：(04)2223-0891　傳　　真：(04)2223-3549

高雄市駐區辦公室/高雄市新興區中山一路290號

電　　話：(07)2358-702　傳　　真：(07)2350-236

法律顧問　林勝安律師事務所　林勝安律師

出版日期　2014年 7 月初版一刷

定　　價　新臺幣380元